DE L'HOMŒOPATHIE

ET DE SES PRINCIPES DE VÉRITÉ.

DE L'HOMŒOPATHIE

ET DE SES PRINCIPES DE VÉRITÉ

OU

RÉFUTATION DES ERREURS, DES SYSTÈMES ET DES THÉORIES DE L'ANCIENNE ÉCOLE

PAR M. LE DR LATIÈRE

(A TOULON)

MÉDECIN HOMŒOPATHE, AUTEUR DE PLUSIEURS OUVRAGES DE MÉDECINE, MEMBRE CORRESPONDANT DE LA SOCIÉTÉ HAHNEMANNIENNE DE PARIS, ETC., ETC.

Deus mundum tradidit disputationi hominum.

(*Ecclésiaste*, chap. 3.)

PARIS

IMPRIMERIE DE SCHNEIDER

RUE D'ERFURTH, 1.

1848

PRÉFACE.

A Messieurs les Membres de la Société hahnemannienne de Paris.

Messieurs,

En rédigeant ce mémoire, nous n'avons eu d'autre ambition que celle d'être utile à l'humanité souffrante, objet de notre sollicitude.

C'est au milieu des théories destructives qui travaillent journellement à la ruine de l'homœopathie, que nous avons cru digne de notre âme philanthropique de faire connaître la puissance, la supériorité de cette doctrine, dans l'art de guérir.

Si, malgré une opposition systématique ou d'intérêt, nous avons été assez heureux pour avoir éclairé les médecins et les peuples, par les seuls arguments de la vérité bien plus que par nos pénibles travaux, et que nous ayons atteint le but que nous nous sommes proposé, fier d'un semblable succès, nous croirons justement pouvoir nous enorgueillir de mériter une mention honorable parmi les bienfaiteurs de l'humanité.

En renversant l'échafaudage élevé par l'erreur, en dévoilant l'ineptie de l'ancienne médecine, nous n'avons fait que ce qu'ordonne le prophète : *Illuminare qui in tenebris et in um-*

brâ mortis sedunt. (Il faut éclairer ceux qui marchent dans les ténèbres, enveloppés des ombres de la mort.)

Nous nous sommes borné à citer simplement et succinctement les différents systèmes, les différentes théories des diverses médecines, depuis la réaction des philosophes grecs et égyptiens jusqu'à Hahnemann, sans nous attacher à les présenter tous ou à les énumérer, pour ensuite les réfuter ; c'eût été s'éloigner de notre sujet, sans utilité pour les peuples.

Semblable à l'abeille laborieuse qui va cherchant partout le sucre, la poussière fécondante des fleurs pour former son miel, nous avons cherché, puisé, chez les auteurs anciens et modernes, les documents, les preuves, les remarques qui ont aidé, ainsi que notre pratique et notre expérience, à la rédaction de ce mémoire, que nous soumettons à votre jugement impartial et éclairé.

DEUXIÈME QUESTION HISTORIQUE.

Comment peut-on prouver que, depuis l'origine des temps historiques jusqu'à Hahnemann, la médecine, considérée comme science et comme art, ne reposait sur aucun principe certain, sur aucune pratique fixe ? (LATIÈRE.)

Pag. 657 du *Journal de la Société hahnemannienne de Paris*.

HISTOIRE DE LA MÉDECINE

DEPUIS SON PREMIER AGE JUSQU'A NOS JOURS.

En parlant du premier âge de la médecine, nous ne nous hasarderons pas à préciser l'origine du monde; nous craindrions de tomber dans l'absurde, et de donner comme des vérités les fruits de notre imagination. L'origine du monde est dans le sein de Dieu.

Dans les premiers siècles, toutes les lois, en Orient, étaient remplies de principes d'hygiène toujours en rapport avec les besoins des peuples qu'elles étaient appelées à gouverner. Nous ne savons rien de positif sur la médecine, ni sur les lois des grands empires de ces temps-là; elles durent probablement recevoir des modifications selon la nécessité, les croyances religieuses et les coutumes. En Egypte, les peuples et les rois, suivant l'exemple de ceux qui les avaient précédés, étaient aux pieds de leurs pontifes; la médecine et les lois étaient remplies de caractères religieux. Il paraît qu'ensuite, ces peuples tirèrent leur médecine des traditions de l'Inde, qui a été, vraisemblablement, le berceau du genre humain.

Thalès et Pythagore, par une série non interrompue de philosophes, nous conduisent à Socrate, à Platon et Aristote, enfin à l'école d'Alexandrie. Les savants de cette époque discutèrent sur la métaphysique; ils ne recouraient jamais à l'expérience; leur objet principal n'était que d'émettre des théories qui engendrassent des discussions; quelquefois, cependant, ils laissaient échapper des lueurs de génie.

Tout vient de l'eau, disait Thalès, et Dieu est la raison qui fait que tout en provient. Un être intelligent, un génie, une âme, voilà la cause qui donne à la matière les formes qu'elle revêt. Le petit monde, ou l'homme, a une âme comme le grand monde ou l'univers. Cette ignorance se prolongea chez les Romains; ce n'est qu'au deuxième et au troisième siècles qu'une recherche chimérique réveilla les savants, et fut longtemps le mobile de leurs travaux, comme l'objet de leurs méditations.

Pythagore étudia avec passion les mathématiques. Les faits mathématiques devinrent pour lui des points de comparaison.

C'est le feu qui, selon lui, est la puissance active qui règne dans l'univers; les astres, les dieux y prennent naissance. La cause de la vie ou du mouvement des animaux, l'âme, est éthérée ou aérienne; elle est une émanation de l'âme du monde; elle a deux parties, l'une, raisonnable, qui siége dans le cerveau; l'autre, non raisonnable, qui réside dans le cœur : c'est en elle que la chaleur prend sa source.

Les partisans de cette théorie s'occupèrent de l'anatomie de quelques animaux inférieurs à l'homme, et firent des efforts pour expliquer les fonctions. La santé, d'après eux, était une harmonie; la maladie, une discordance des fonctions.

Ils croyaient à la métempsycose, et admettaient, comme voltigeant dans l'air, des esprits qui sont des émanations de la Divinité. Leur médecine était une espèce d'empirisme empreint de matérialisme mythologique. Ils sacrifiaient aux dieux des peuples.

Anaxagore repousse l'intervention du hasard, et croit à l'existence d'une divinité qui embrasse et pénètre tout...

Démocrite reprend la théorie des atomes, que Leucippe avait inventée. Héraclite revient à son tour à l'hypothèse du feu, comme principe de tout mouvement...

Socrate achève de secouer le joug théologique, combat le scepticisme des sophistes, et sent le besoin d'affirmer un principe. L'homme fut conçu de la manière suivante : Nous sentons en nous, disait Socrate, une faculté pensante, une substance non appréciable aux sens : c'est l'âme qui embrasse et dirige le corps, comme la Divinité embrasse et dirige l'univers... Donc, Platon devait être le successeur immédiat de Socrate, et devait appliquer le premier sa conception. Ce philosophe n'accordait le titre de science qu'à la connaissance de trois êtres primitifs. Selon lui, Dieu fit aussi des génies subalternes, parmi lesquels il en est d'invisibles, qui sont également une portion de sa substance, et qui revêtent le corps d'un animal ; d'où il suit qu'une âme se compose de deux parties ; l'une, divine, raisonnable ; et l'autre, physique, et dépourvue d'intelligence. L'âme raisonnable, seule percevante, est la partie la plus importante, et siége dans le cerveau, qui est la continuation de la moelle épinière. La moelle épinière, dit Platon, est le siége de l'âme matérielle... Sous l'influence du platonicisme, l'emploi de l'hypothèse s'étendit considérablement, et la controverse eut beaucoup de faveur. Dans la pratique même, l'application des remèdes ou des méthodes nouvelles se faisait sous l'inspiration de l'hypothèse.

Sous l'influence des doctrines de Platon, les successeurs d'Hippocrate devinrent spiritualistes et raisonneurs.

Aristote, à son tour, offre ce caractère d'être un mélange de spiritualisme et de matérialisme. Chez lui, il existe une prédominance en sens inverse de celle que présente Platon. En examinant à fond ses principes, et surtout les conséquences qu'ils ont eues ; en observant les directions dans lesquelles les savants ont été poussés par eux, on peut dire qu'Aristote obéit à une conception première, opposée à celle de Platon. Il étudia l'univers dans l'univers lui-même, et arriva à l'homme par le monde extérieur ; il porta de préférence son attention sur la forme des êtres, leurs propriétés sensibles ; il voulut remonter des effets aux causes, et admit que l'expérience est le meilleur moyen pour obtenir des résultats. D'une autre part, il retomba dans le spiritualisme, ou du moins dans l'abstraction, quand il établit, comme faits primitifs ou causes, la *matière*, la *forme* et la *privation*, et quand il avança en même temps que la forme n'est pas distincte de la matière. Il posa en principe que tout vient des sens ; et cependant il chercha le mécanisme du raisonnement dans les lois propres à l'entendement même : c'est un idéalisme qui ne se combine pas avec l'expérience ou avec l'observation matérielle.

Quoi qu'il en soit, Aristote appela les savants à l'observation du monde extérieur. Empédocle et Démocrite n'avaient examiné que partiellement la nature, et s'étaient livrés à des conjectures sur les éléments des corps ; Aristote embrassa l'ensemble des êtres, et donna leur description et leur classement ; il s'est illustré dans ces différentes branches de l'histoire naturelle, et principalement dans la zoologie. Il fit la dissection d'un grand nombre d'animaux, établit souvent des comparaisons entre leur organisation et celle de l'homme. Il découvrit les nerfs, mais il les confondit avec d'autres tissus. Il étudia le système vasculaire dont il plaça l'origine dans le cœur ; il mit dans cet organe le principe du mouvement et du sentiment. Là siégent l'*âme*, les passions ; là se trouve l'origine du feu naturel : le cœur est le réservoir naturel du sang.

Mélampe, Podalire, Machaon. — Toute leur médecine se bornait à la composition d'un cataplasme et d'un onguent ; leur théorie n'allait pas plus loin. C'étaient des empiriques qui ne connaissaient point l'art de raisonner, d'approfondir les circonstances des maladies. Ils pouvaient réussir quelquefois dans des cas semblables, mais l'erreur était la suite de leur pratique aveugle. La médecine, dans son premier âge, pouvait être regardée comme un art difficile ; ceux qui se livraient à son étude recevaient d'autres idées que celles d'Esculape. On dirait, à les entendre, que la médecine et la raison étaient des choses absolument étrangères au bon sens.

Hippocrate.— Enfance de la médecine ; la science va se présenter toute théorique, empirique, hypothétique.

Nous avons vainement cherché les théories d'Hippocrate, nous ne les avons pas trouvées dans les auteurs. « Sur l'étiologie des maladies, dit M. Léon Simon, voici comment s'exprime M. Littré : Hippocrate reconnaît deux ordres principaux de causes, et il leur attribue la génération des affections pathologiques ; le premier ordre comprend l'influence des saisons, des températures, des eaux, des localités ; le second ordre de causes est plus individuel, et résulte, soit de l'alimentation particulière, soit des exercices auxquels on se livre. On trouve le développement de ces deux ordres surtout dans le livre des airs, des eaux et des lieux, et dans celui de l'ancienne médecine. »

« D'où vient la maladie, d'après les idées d'Hippocrate? Suivant lui (dit encore M. Littré), la santé est due au mélange régulier des humeurs ; c'est ce qu'il appelle la *crase ;* et la maladie procède du dérangement de la *crase* des humeurs. C'est la théorie de la coction. » Et M. Simon a parfaitement raison lorsqu'il dit : « Hippocrate était humoriste avant tout. »

Théorie des humoristes.

Nous nous bornerions seulement à quelques réflexions sur ce système, si nous ne savions pas qu'il existe encore dans le monde un grand nombre d'humoristes. Ces croyances, établies depuis les premiers âges de la médecine, comptent encore de nos jours de nombreux partisans, même parmi les hommes de l'art. Dès lors, nous nous sommes vu contraint de montrer tout le ridicule d'une semblable théorie. Notre opinion, quoique généralement partagée par les hommes instruits, ne pouvant suffire à tous pour les persuader, nous en trouvons la réfutation dans l'article *humoriste* de M. le professeur Chomel, page 46 du *Dictionnaire de médecine et de chirurgie pratiques*, que nous allons rapporter.

Humoristes.

« On donne ce nom aux médecins qui considèrent les liquides comme jouant le principal rôle dans les phénomènes de la vie, soit dans l'homme sain, soit chez l'homme malade. La santé consiste, suivant eux, dans la bonne composition et dans le cours régulier des humeurs ; la maladie, dans une altération quelconque survenue dans leur nature, leur qualité ou leur distribution.

« Le système des anciens humoristes se rattachait tout entier à ce principe. Au lieu de dire d'une maladie qu'elle affectait le foie, le péritoine ou les organes de la circulation, ils disaient qu'elle avait son siége dans le sang, la bile ou la lymphe. Les causes morbifiques agissaient toutes sur les liquides ; les aliments élaborés par l'estomac et convertis en chyle modifiaient les qualités du sang ; les poisons, les virus, agissaient de la même manière.

« Dans l'exposition des symptômes, leur langage était tout humoral ; la couleur et la consistance du sang, du mucus exhalé, des matières alvines, de l'urine, du pus, attiraient surtout leur attention : ils parlaient à peine des autres symptômes, ou les rattachaient au moyen de noms collectifs à leur nomenclature favorite. C'était d'après l'altération des humeurs qu'ils expliquaient la liaison des symptômes et leur succession. Ils désignaient sous le nom de crudité, de coction, d'évacuation, les trois principales périodes des maladies à raison de l'état de la matière morbifique. Dans la première période, cette matière douée de toute puissance délétère n'ayant pas subi d'altération de la part des organes, avait encore toute sa crudité ; dans la seconde, où la coction s'opérait, la nature prenait par degrés le dessus ; et enfin dans la troisième, le principe matériel, rendu mobile, était évacué par les urines, les sueurs, les matières fécales, ou par quelque autre voie, et l'équilibre se rétablissait... Lorsqu'aucun phénomène critique ne se manifestait pas, ils jugeaient que la matière morbifique, après une élaboration convenable, avait été assimilée aux humeurs naturelles, et que dès lors elle avait cessé d'être nuisible. La coction pouvait être parfaite ou imparfaite, et la transformation d'une maladie dans une autre s'expliquait facilement au moyen du transport ou de l'émigration de l'humeur morbifique..... C'était surtout d'après les altérations des liquides évacués qu'ils portaient leur jugement sur le genre des maladies, sur leur terminaison et leur durée. L'urine en particulier, comme nous l'avons vu, leur fournissait à cet égard des signes auxquels ils attachaient beaucoup d'importance; l'ouverture des corps les confirmait dans leurs opinions. Dans la rougeur et le gonflement des parties enflammées, ils voyaient l'accumulation du sang; dans l'hydropisie, la *dissolution* (cette erreur est généralement partagée); la dégénération tuberculeuse n'était que l'épaississement de la lymphe; et la plupart des autres altérations organiques, des obstructions produites par la stagnation ou la coagulation des liquides.

« Les médications thérapeutiques étaient en harmonie avec les autres points de leur système humoral; on saignait pour renouveler le sang, diminuer sa viscosité ou enlever une portion de la matière morbifique qui lui était mêlée. On purgeait, on faisait suer, ou provoquait le cours des urines dans un but analogue; en un mot, toutes les indications consistaient à changer les qualités des liquides ou à déterminer leur reflux vers tel ou tel organe.

« Une des causes qui a fait rejeter entièrement l'humorisme, c'est que la plupart des fauteurs de ce système ne se sont pas contentés d'admettre des altérations dans les humeurs, mais qu'ils ont voulu encore les spécifier et les assimiler à celles qu'éprouvaient les mêmes liquides dans un vase inerte. Ils ont vu la putréfaction et les diverses espèces de fermentations là où certainement elles ne sauraient avoir lieu. Mais de ce qu'il n'y a ni fermentation ni putréfaction dans les liquides de l'économie, s'ensuit-il de là qu'il ne puisse y avoir aucune altération? Nul homme raisonnable n'admettra une semblable conséquence.

« Le pus, qui n'est que le résultat de l'inflammation du tissu cellulaire, est pris pour des humeurs ; les crachats, matière sécrétée dans la bouche, portent encore le nom d'humeur. Les tumeurs scrofuleuses sont encore nommées humeurs lymphatiques blanches, froides ; tandis que cette dernière n'est due et entretenue que par un vice dans le sang.»

Malgré tout le ridicule du système des humeurs, il est encore des médecins qui croient à leur présence dans les affections ; tant il vrai que les vieilles idées des anciens sont encore empreintes dans l'esprit des modernes. Espérons cependant que l'homœopathie, par ses lumières, fera justice de tous ces systèmes d'erreur qui ont inondé le monde.

Moïse. — Hébreux.

Pendant que la famille humaine se développait dans la Grèce et tendait à l'unité de cause métaphysique, dans une autre partie du monde elle avait accompli un mouvement analogue, elle avait proclamé dans le peuple hébreu l'unité de cause matérielle ; et ici, la croyance à un Dieu unique passa dans la pratique de la vie et servit de base à un ordre social.

Dans les lois mosaïques, la médecine était une partie essentielle de la religion : les prêtres, les anciens des peuples étaient chargés de la pratiquer. Ce que l'on doit admirer dans les livres saints, ce sont les conseils d'hygiène donnés par Moïse aux Hébreux. Moïse pensait, dans sa prévoyante sagesse, que le grand encombrement des peuples et la malpropreté pouvaient développer des typhus et autres maladies non moins dangereuses. Qu'il n'y ait point de mauvaises odeurs dans vos camps, car votre Dieu est continuellement parmi vous (disait-il au peuple d'Israël). Pouvait-il leur donner de meilleurs conseils et les mieux motiver? Les maladies étaient des punitions immédiatement infligées par Dieu, qui manifestait par elles sa volonté aux chefs de la nation les mieux faits pour la comprendre. Les Hébreux lui offraient des victimes pour apaiser sa colère et pour obtenir la guérison des maladies qui en étaient les effets. Si le mal disparaissait, c'est que l'offrande lui avait été agréable. Jehovah est le médecin du peuple ; lui seul guérit par l'intermédiaire des lévites. Ici paraissent les prêtres héréditairement chargés de rendre la justice, de pratiquer la médecine et même la magie. Chez eux aussi la médecine est morale et matérielle en même temps ; plus tard, chez les Hébreux, l'art de guérir devint la propriété des prophètes.

GALIEN. — ECOLE D'ALEXANDRIE.

Hérophile, Erasistrate approfondissent l'anatomie, décrivent le cerveau, les nerfs, adoptent la doctrine des quatre humeurs: ils étaient humoristes.

PÈRES DE L'ÉGLISE.—Adolescence de la médecine.— Peuples d'Occident.

Unité posée par Jésus-Christ. Dogme, Dieu et l'âme ; pardon des injures, morale sublime. Récompense et punition dans l'éternité.

Les premiers chrétiens pensaient que le démon était la cause des maladies ; la lèpre, l'épilepsie étaient immédiatement produites par de mauvais génies. Cependant Dieu aussi, dans sa colère, envoyait aux hommes des maladies épidémiques pour les éprouver ou pour les punir.

Ainsi le christianisme travaillait de toutes les manières à détruire les restes du passé. A l'arrivée des barbares, il n'existait point de médecine ancienne. Transformer les Arabes en leur donnant une éducation chrétienne, voilà quel fut l'unique objet de leur science pendant longtemps. Les moines exerçaient la médecine par esprit de charité et comme un devoir de leur profession ; et la prière, les reliques, l'eau bénite, les tombeaux des martyrs étaient les ressources de leur pratique toute spirituelle. Cependant le christianisme sert le progrès ; les moines conservent les sciences et les pratiquent. Plus tard, ils deviennent de bons médecins ; avec les idées reçues, ils font même des cures ; enfin, ils sont les savants et professent la théologie.

AVICENNE. — ARABES. — Mouvement scientifique de l'Orient.

Dans l'empire grec, les études scientifiques anciennes se conservèrent plus longtemps qu'en Occident ; la philosophie d'Aristote fit sensation; on préféra sa logique à celle du spiritualisme, et à côté de l'étude de sa philosophie se continua celle de la théologie chrétienne.

La religion du sensualisme avec toutes ses douceurs fit de nombreux partisans à Mahomet. A cette occasion, les Arabes se mirent en contact avec les Syriens, les Juifs et les Grecs, et le voisinage d'Alexandrie permit aux doctrines philosophiques et médicales de se faire jour par cette voie. Les mahométans eurent recours à l'art des médecins et des astrologues, d'où découla la chimie.

Les nestoriens, rejetés de l'Eglise chrétienne, élevèrent en Orient des écoles dans lesquelles les sectateurs de Mahomet vinrent s'instruire. Un enseignement médical fut créé par eux, et dans le septième siècle les Arabes possédèrent dans leur langue un grand nombre d'ouvrages de médecine, et notamment Aristote. Un élan général fut donné; un désir violent d'acquérir des connaissances se manifesta parmi eux. Ils fondèrent un collége de médecins à Bagdad; ils établirent des hôpitaux, des pharmacies. Les alchimistes médecins parurent; ils s'exercèrent aux préparations médicamenteuses et introduisirent dans la pratique plusieurs compositions jusque-là inconnues. Enfin les Arabes réunirent aussi à l'étude d'Aristote les recherches mathématiques et les observations d'histoire naturelle.

En Espagne, on ne resta point stationnaire du progrès; il s'y manifesta une grande émulation intellectuelle. Les chrétiens de l'Occident se rendaient aux écoles des Sarrasins et en visitaient les bibliothèques. Les savants étaient nombreux et honorés sous la domination des califes; ces derniers, dans les disputes religieuses, se servirent des textes d'Aristote à la défense du Coran, et firent des pensées de ce philosophe ce que les chrétiens avaient fait à l'égard de Platon.

Dans le choix de leurs études, ils donnèrent la préférence à l'astrologie et à la chimie, qu'ils cultivèrent avec ardeur.

Avicenne et plusieurs autres médecins arabes célèbres de ce temps, offrent ce double caractère, d'avoir été des partisans serviles d'Aristote, et de s'adonner à la chimie. Chez leurs malades, ils décrivaient anatomiquement les parties souffrantes avant d'expliquer la maladie dont ils étaient atteints; ils traitaient séparément les maladies générales et les maladies locales, en suivant les principes puisés chez Hippocrate et Galien : ils étaient humoristes.

PARACELSE et VAN HELMONT. — Révolution vers un matérialisme nouveau.

Paracelse jette un regard de mépris sur la médecine grecque, arabe et alchimique; Hippocrate, Galien, Avicenne surtout, sont l'objet de sa critique amère. Il appelle humoristes ceux qui en sont les partisans. Il fut célèbre par les cures des maladies syphilitiques, de la lèpre et d'autres affections de ce genre; il mit la chimie en honneur (1), rejeta la pharmacie galénique, et fut le premier qui établit un cours de chimie et de médecine. Un tel génie ne pouvait manquer d'être l'objet de déclamations outrées : les uns le prônaient comme un homme extraordinaire; les autres lui accordaient plus d'impudence que de mérite, et prétendaient que sa réputation était due à sa singularité plutôt qu'à ses talents. Il contribua lui-même à grossir l'orage; il parlait de tous les médecins avec le dernier mépris : sa barbe valait mieux que leurs écrits, les boucles de ses souliers en savaient plus que Galien et Avicenne. Il remit en vogue l'extravagant système de Raynaud Lulle, sur une panacée universelle. Quel que soit le mérite, ou quelle que soit la singularité de cet homme fameux, il n'excita pas moins l'envie des uns que l'émulation des autres. Ses défenseurs, ainsi que ses antagonistes, travaillèrent à l'envi; et cette soif de savoir répandit la chimie, et en

(1) Le commencement du seizième siècle fut remarquable par l'emploi des produits chimiques en médecine; cette innovation est due à Paracelse. La chimie, envisagée comme science, est d'origine moderne; mais plusieurs des arts qu'elle éclaire sont de toute antiquité. Les procédés transmis d'âge en âge sont parvenus jusqu'à l'époque où elle les a accueillis. L'origine de la métallurgie, de la teinture, de la poterie se perd dans la nuit des temps. L'antiquité la plus reculée nous offre des exemples de plusieurs opérations chimiques.

rendit l'étude plus systématique et plus régulière. Sa philosophie générale est un mélange de croyance chrétienne et d'incrédulité ; ses idées de physiologie sont un assemblage d'astrologie, de chiromancie, de cabale et de médecine proprement dite. C'est pourtant du sein de ce chaos que Paracelse fit jaillir la lumière.

L'homme résume l'univers, disait Paracelse ; il est la terre, l'eau, l'air, les végétaux, les minéraux, les vents, les astres ; et chaque organe est le représentant d'une constellation céleste.

Toutes les choses créées viennent d'une seule matière, qui est le grand mystère comme l'enfant naît de sa mère.

De ce mystère proviennent la substance, la forme, l'essence. De lui sont sorties les semences des animaux, des végétaux, des minéraux qui étaient en lui, comme dans les ténèbres. Elles en sont sorties par voie de génération. Les semences portent avec elles une vertu céleste, que Paracelse désigne sous le nom d'*archée*, principe d'action qui les pousse à se développer, et qui est le véritable architecte des êtres.

Chaque maladie tire son origine d'une semence particulière et a son remède approprié. Il y a deux genres d'affections morbides : celles qui dépendent des causes matérielles, et celles qui dépendent de la corruption de quelque chose. Il distingue aussi les causes des maladies, en générales et en particulières. Les premières sont : Dieu, les astres du ciel et les astres de l'homme, des vices de nature, l'imagination, l'action d'autrui, qui réalise des maléfices et des enchantements, enfin les venins et les poisons. Les causes particulières sont, etc. Paracelse avait de l'habileté en chirurgie ; mais il pensait qu'on peut guérir certaines maladies par des paroles, par des caractères symboliques, la magie... Quelle erreur !...

Van Helmont (1) continua la théorie de Paracelse avec progrès ; il fit connaître le pouvoir du système épigastrique, en

(1) Van Helmont fut regardé comme un magicien et torturé par l'inquisition ; il imagina le nom de gaz qu'il donna aux fluides élastiques.

indiquant l'action puissante de l'estomac sur tout l'organisme, et les effets de la digestion sur les fonctions respectives de toutes ses parties.

Dans les maladies, c'est l'archée qui opère les actes vitaux : les causes extérieures décident, en lui, des états particuliers tels que la colère, la souffrance, la frayeur ; elles lui impriment un cachet spécifique qui est comme l'affection tout entière : ces idées morbides de l'archée sont l'expression qui renferme la notion de son mode d'être et d'agir, et la formule de sa manifestation. Les maladies locales sont des erreurs du principe actif qui, dans un moment de rage, envoie, dans un organe, des acides âcres qui décident l'inflammation ; ou la cause extérieure commence à agir, ou c'est l'irritation propre qui devient l'épine qui attire le sang. L'archée, incommodé par la présence d'un sang âcre, ou par la pléthore, produit l'hémorragie ; les maladies sont presque toutes générales, et siégent dans l'archée, qui, indécis dans les prodromes, manifeste ensuite son pouvoir. Toutes les fièvres ont leur source dans le duumvirat, l'estomac et la rate, parties immédiatement en rapport avec la cause active.

Sylvius de le Boë. — Chimisme. — Première forme régulière du matérialisme médical.

Bacon et Descartes avaient paru. La religion chrétienne n'est pour eux qu'une théorie scientifique générale, qui est devenue insuffisante.

Le premier s'attache à déconsidérer la théologie, et indique le moyen de faire des découvertes ; il a de la prédilection pour le monde extérieur, et démontre que les secrets de la nature ne se découvrent qu'en l'étudiant par l'expérience et les observations.

Descartes crut que les travaux des Arabes, et des physiciens qui les continuaient en Europe, étaient assez nombreux pour réorganiser la science. Il l'essaya, et embrassa l'étude des corps vivants et des corps morts. C'était prématuré ; il servit mieux le progrès, par la force de sa critique et les routes qu'il ouvrit dans les études physiques.

BAGLIVI. — Mécanisme. — Seconde forme systématique du matérialisme médical (1).

Dans la médecine, une autre spécialisation se présente ; c'est le second aspect de la conception matérialiste : les solides prennent faveur après les humeurs.

On tire parti des comparaisons de l'homme avec les machines ordinaires. On essaye d'appliquer aux fonctions les calculs de l'hydraulique et de la statique, sciences nouvelles alors.

Les idées de Descartes, l'école de Galilée, les discussions sur la circulation du sang poussaient les médecins progressifs dans cette direction. Sanctorius se soumet à des expériences auxquelles il consacra sa vie.

STAHL. — Progrès de l'organicisme. — Animisme ou vitalisme, apogée et déclin du spiritualisme médical.

Le vitalisme n'avance pas en réalité comme l'organicisme. Stahl ne fait que le montrer dans son entier développement, ou plutôt seulement, il formule médicalement le moyen âge, qui décline déjà. Le matérialisme est l'élément progressif ; mais, au fond, en médecine comme partout, il n'a qu'une valeur d'opposition.

SAUVAGES. — Vitalisme des demi-stahliens. — Deux causes actives substantielles.

Le spiritualisme médical décline ; il est visiblement altéré dans les successeurs de Stahl. Le matérialisme est en progrès. Le mouvement de la science est manifestement du côté des médecins organiciens.

BARTHEZ. — Transformation métaphysique du vitalisme substantiel.

(1) La médecine, exercée par des médecins matérialistes, a démoralisé les peuples, en écartant tout principe émané de la Divinité. Selon eux, c'est la raison humaine qui doit tout gouverner, tout soumettre à son empire. De cette conséquence erronée sont sorties ces théories extravagantes du socialisme, du communisme, du nivellement des fortunes qui anéantiraient infailliblement la société. Le matérialisme en médecine, comme dans toute autre chose, n'est qu'une utopie qui n'a servi qu'à égarer et corrompre les peuples, en ouvrant à toutes les idées et à toutes les passions, nées de l'incrédulité, un vaste champ que la saine raison condamne.

De recherches en recherches, d'observations en observations, nous sommes conduits à Haller, qui les résume toutes, qui en fait un premier classement, un immense procès-verbal.

Ame, principe vital, organes, voilà la distinction fondamentale de Barthez, dans l'étude du moral et dans l'étude du corps, en tant que vivant, etc.

La science du principe vital a pour but de connaître les forces de cette cause, ses fonctions, ses affections.

Haller. — Organicisme. — Autre forme de matérialisme : puissance purement réactive.

Dans sa théorie, il met en vue les forces attachées aux fibres sous le nom de forces nerveuses et d'irritabilité. Pour lui, irritabilité veut dire propriété qu'a la matière organisée de répondre, par des mouvements, aux stimulations exercées sur elle.

Chaque organe est irritable ou répond à un stimulus particulier ; Haller applique ces idées à l'étude des tempéraments, qu'il fait dépendre des degrés de l'irritabilité, et aux sympathies, qu'il explique par l'union des nerfs et du tissu cellulaire.

Cullen est aussi du nombre de ceux pour qui sensibilité et vie sont inséparables. Il applique, à proprement parler, les idées de Haller à la science des maladies.

Brown. — Le système de la réactivité s'offre plus large et plus médical peut-être chez lui et ses partisans que chez Cullen, Hoffmann..... pour lui aussi la propriété caractéristique de la vie, c'est l'excitabilité. Elle ne s'entretient que de stimulation : corps extérieurs, liquides circulants, afflux nerveux, passions, exercice des fonctions, tout est stimulant, général ou local.

Bichat. — Des propriétés vitales et de la localisation. Cet anatomiste approfondit la structure des organes, détermine avec détail la diversité des parties similaires, leurs formes, leurs propriétés. L'école de Bichat met dans tout son jour la vie propre de chaque organe et son indépendance. Les résultats de la conception, de la multiplicité ou du morcellement, sont les travaux de Gall, de Broussais et des anatomo-pathologistes.

BROUSSAIS et les anatomo-pathologistes. — Système de l'irritation.

L'observation est le point de ralliement de tous les allopathes; toutes leurs études consistent dans la connaissance de la structure et de la composition moléculaire des organes pour découvrir le secret de la vie. Le microscope étend l'idée de la divisibilité indéfiniment : une membrane est un organe très-composé; et la chimie commence là où le scalpel et le microscope s'arrêtent : elle s'empare de la molécule elle-même, qu'elle divise et subdivise à son tour.

Broussais et ses disciples n'ont fait qu'appliquer Bichat, ou, du moins, en ont continué la théorie dans les détails de plus en plus minutieux de la science de l'organisation saine et malade. Puisque l'organisation est la vie, les maladies ne sont que les désordres de l'organisation. Les observateurs recueillent des histoires de maladies pour refaire la pathologie sur ce principe.

L'hypothèse de Broussais se charge de prouver qu'en effet la maladie est un degré de la santé, et que les maladies ne diffèrent entre elles que du plus au moins. L'irritation est le dernier mot de la théorie purement anatomique. Elle dit le sens qu'il faut attacher au mot vie. Ce mot caractérise bien l'effet de l'antagonisme qui existe entre l'être et son milieu, et le genre de communication des parties vivantes entre elles : il a pour terme opposé la faiblesse ; mais, dans cette dualité, la faiblesse a peu d'importance. La faiblesse, dans Broussais, a le rang analogue à celui de l'asthénie dans Brown.

Irritation veut dire exaltation anormale de l'irritabilité ; de l'irritabilité seulement, car la sensibilité n'est qu'une conséquence de l'irritation. Les agents qui mettent en jeu l'irritabilité sont excitants. L'excitation qui sort des limites naturelles devient irritation. La vie ne s'entretient que par l'excitation.

Broussais, c'est encore Brown ; mais Brown retourné. — Broussais qualifie la vie d'irritation, c'est-à-dire, d'injection capillaire du réseau artériel. Mais il n'a aperçu que des degrés de vie, des nuances d'irritation ; et, par cela même, il a composé un système, sinon complétement vrai, au moins simple et facile à saisir; ce qui a dû faire sa fortune.

L'infection primitive des humeurs est une hypothèse inadmissible, et les virus n'engendrent pas des maladies sans produire l'irritation.

Toutes les erreurs du système de Broussais se montrent au grand jour, quand on pense que l'irritation, qui constitue la maladie, n'est que la conséquence de cette dernière ; et qu'attaquer par le traitement l'effet qui la produit (l'irritation), c'est nier la cause et non la détruire. Comment peut-on croire au virus sans rechercher et poursuivre la cause qui donne et entretient l'irritation? Aussi, dans la théorie de ce système, la médecine antiphlogistique est toute palliative et jamais curative ; elle s'oppose même, par ses traitements, à la guérison complète.

Quant à nous, homœopathes, c'est à la cause que nous nous adressons pour guérir, et jamais aux effets ; nous n'en tenons aucun compte.

En suivant le système précité, on est arrivé à ne plus avoir confiance aux médicaments, base essentielle de tout traitement positif..... Que de mal on fait à la science en rejetant les nombreuses découvertes qui avaient été faites avant nous sur les vertus et les propriétés des médicaments ; on en révoque en doute l'efficacité ; une foule de causes ont imprimé aux esprits cette funeste direction.

En partant du principe que toutes les lésions naturelles des organes qui se montrent à l'ouverture des cadavres étaient les causes de tous les symptômes, dont l'ensemble constitue la maladie (dans plusieurs cas ces altérations ne sont que les signes d'une cause plus cachée), on a conclu que les lésions devaient être la seule source des indications thérapeutiques ; or, comme ces désordres de structure se rapportent à un petit nombre d'espèces, on a été conduit, par le même raisonnement, à n'admettre qu'un bien petit nombre d'agents médicamenteux dont l'expérience a confirmé la bonté.

Dans la pratique médicale qui résulte de cette théorie, le

médecin organicien a une grande foi en lui-même et dans les ressources de son art. Il suppose que les parties de l'économie humaine n'ont d'autre puissance que celle de répondre passivement aux stimulations. Il n'y a point, pour lui, d'indication thérapeutique générale ; sa médication tout entière est de diminuer l'excès qu'il croit apercevoir de stimulation.

Après la mort, le médecin anatomiste cherche à expliquer par la dégradation qu'il pense trouver à l'ouverture des cadavres, les lésions et les événements passés et la cause de la mort même; mais bien souvent il est obligé de supposer l'existence des dégradations qu'il ne voit point, comme conséquence du principe que toute maladie est un désordre anatomique dès le début. Dans sa conjecture hypothétique, il lui arrive également de prendre pour graves ou même incurables des maladies qui ne le seraient point ou qui le seraient moins par tout autre principe.

Cette théorie nous a montré que si l'anatomie pathologique est utile aux praticiens, c'est beaucoup moins en servant de fondement à la thérapeutique, qu'en les éclairant sur la marche et le pronostic des maladies. Indépendamment des cas assez nombreux où les recherches les plus minutieuses n'ont pu faire découvrir aucune espèce d'altération physique, et où, par conséquent, l'anatomie morbide n'est plus d'aucun secours, les bons esprits sont maintenant obligés de convenir que dans d'autres cas cette science, tout en fournissant des lumières fort utiles, ne doit point être prise comme base unique de traitement.

Comme nous l'avons dit, une autre cause de discrédit de la thérapeutique non moins puissante que celle que nous venons d'examiner, c'est la propagation de la doctrine physiologique ; doctrine fondée sur les propriétés de la vie, c'est-à-dire sur des inconnus ; doctrine qui n'admet à peu près qu'une maladie, l'irritation, dont les différentes modifications constituent l'ensemble des maladies ; et une seule classe de remèdes, des anti-irritants, c'est-à-dire des affaiblissants et des antiphlogistiques ; or, comme toutes les recherches de la thérapeutique repoussent des idées hypothétiques et établissent que la plupart des médicaments jouissent de vertus spéciales, que l'expérience seule, et non le raisonnement, peut constater, les partisans du système de Broussais rejettent avec dédain les travaux de la thérapeutique; et il n'est pas jusqu'aux agents de cette science, les plus héroïques et les plus merveilleux dans leurs résultats, qui ne soient l'objet de leur mépris; enfin, les partisans du système de Broussais n'ayant qu'un seul genre de moyens pour combattre toutes les maladies, on conçoit, dès lors, combien leur médecine est facile à apprendre et à pratiquer. Ce système tombe de lui-même; sa théorie, ses hypothèses, ses erreurs ont fait leur temps. Jamais la médecine des irritations ne pourra se mettre en parallèle avec celle de la nouvelle école, sans compromettre la vie des malades; c'est ce que nous prouverons dans ce mémoire par la puissance invincible de nos arguments.

Il reste néanmoins à Broussais la gloire, non-seulement d'avoir entraîné par sa fausse logique la plus grande partie des médecins, qui ont cru voir dans sa théorie la vérité, tandis qu'il n'en est rien, mais encore d'avoir fait chauds partisans de son système ceux qui s'étaient vantés de n'obéir qu'aux faits dans la pratique. Son étoile pâlit; un grand jour la fait disparaître à nos yeux.

Rasori. — Du contre-stimulus. — Le système de Rasori se rapproche de celui de Brown en s'éloignant de Broussais sur le fond des maladies; chez Rasori, la localisation est subordonnée à l'unité, et dans Broussais, au contraire, la localisation est le fait principal.

La théorie de Rasori n'a été remarquée, en France, que par sa thérapeutique, que par le contre-stimulus, en administrant à haute dose le tartre stibié. Son influence s'est bornée seulement à inspirer le goût des expérimentations pratiques.

Hahnemann. — L'honneur et la gloire de son siècle, fondateur de la médecine homœopathique, l'étude des semblables; par ce précepte : *Similia, similibus curantur*, choisir pour chaque maladie en particulier des médicaments qui, par leurs actions et propriétés, soient capables de provoquer des symptômes semblables : ainsi, traiter le vomissement opiniâtre par des substances qui semblent l'augmenter, pour l'annuler et le guérir ; combattre les fièvres intermittentes par des médicaments qui pourraient, quoique d'une manière éphémère, les donner, etc., etc., c'est suivre ce précepte. Ces traitements sont les résultats des plus grandes recherches et de la plus minutieuse expérience.

Dans les traitements de l'ancienne école, dite médecine rationnelle, on cherche à guérir les maladies par *contraria contrariis*, et les cures obtenues par cette médication sont plutôt dues au hasard et aux efforts de la nature qu'aux moyens palliatifs dont on s'est servi.

Il n'est pas sans exemple que les allopathes aient souvent guéri leurs malades en se servant, sans le savoir, de moyens homœopathiques ; ainsi le dictamne, qui provoque parfois un flux muqueux par le vagin, a guéri des leucorrhées chroniques ; l'eau de roses a été employée efficacement à l'extérieur dans les ophthalmies accidentelles, sans doute à cause de la vertu qu'ont ces fleurs d'exciter une espèce d'ophthalmie ; la douce-amère, qui a souvent provoqué une éruption dartreuse, a aussi été employée avec succès contre les dartres, etc., etc. Au reste, les médecins ne sont pas les seuls qui fassent usage de la médecine homœopathique ; des remèdes employés vulgairement prouvent qu'en mainte occasion on a reconnu les bons effets des semblables. Aussi voyons-nous les hommes de la campagne, dans un état de fièvre chaude, ne boire jamais de l'eau froide ; il savent qu'un peu d'eau-de-vie, qui est une liqueur échauffante, leur rendra la santé ; on frotte les parties congelées avec de la neige pour les faire revenir, etc. Tous ces exemples nous paraissent suffisants pour prouver que de tous temps on a suivi, sans s'en douter, les préceptes de l'homœopathie, qui forme aujourd'hui une doctrine complète.

La grande découverte de cette médecine est un bienfait de la Providence, et ses mérites ne sauraient être révoqués en doute, malgré ses nombreux ennemis. Guérir les maladies aiguës et chroniques est le seul et unique but qu'elle se propose. Les réussites accompagnent presque toujours les efforts du médecin, surtout lorsque les traitements par les semblables sont parfaitement dirigés et les causes des maladies parfaitement connues.

Pour se livrer avec fruit à l'étude de l'homœopathie, il faut apporter dans ses fonctions physiques et morales des notions de la nature, et se bien persuader qu'elle n'accordera ses lumières qu'à ceux qui travailleront avec ardeur. Cette belle découverte est très-difficile à saisir, il est vrai, mais elle est facilement comprise avec le temps et l'intelligence nécessaires ; elle exige des conditions dont on ne saurait s'écarter : marcher avec la nature, agir avec la nature, seconder la nature. Fidèle à ce principe, on doit rejeter de la pratique tout ce qui est contraire à ces vues.

En chirurgie comme en médecine, l'homœopathie a fait d'immenses progrès, en diminuant le nombre des opérations, dont la plupart peuvent être évitées par les soins et les remèdes heureux de la nouvelle école. On ne niera pas, sans doute, que ce soit d'un grand intérêt pour les malades et un avenir brillant pour la science. On y trouvera un grand avantage pour le travail de l'accouchement, soit en facilitant et avançant la délivrance, soit en supprimant les instruments toujours dangereux à la mère et à l'enfant.

Les médicaments agissent dans le sens de la maladie, et leur action s'exerce tout entière sur les parties malades. Pour qu'ils réussissent dans leur application, il faut que leurs doses soient petites, infiniment petites, il faut aussi n'employer qu'un médicament à la fois ; tout mélange est inadmissible, parce qu'en pareil cas il est impossible de déterminer comment les divers ingrédients se modifient entre eux, et très-difficile de déterminer aussi les rapports des symptômes spécifiques des médicaments avec ceux de la maladie.

Le devoir du médecin homœopathe, le premier, l'unique but de ses efforts, doit être la guérison de la maladie. —Trois choses essentielles sont nécessaires : 1° Connaître la maladie ; 2° avoir une entière connaissance des agents médicinaux qui doivent être employés ; 3° employer ces agents à propos, et dans tous les cas, de manière que le développement de leur action opère la guérison.

Dans toutes les affections, il y a deux choses à considérer : des changements morbides occultes et imperceptibles, et des changements perceptibles. La principale chose dont le médecin doit s'occuper, la seule qu'il lui suffit de combattre, afin de guérir, c'est l'ensemble des changements perceptibles et appréciables : en un mot, c'est la totalité des symptômes.

La disparition de la totalité des symptômes met fin à l'état morbide tout entier, interne et externe. Les changements opérés dans l'organisme par la maladie et les symptômes de cette même maladie, sont les parties constitutives et intimes d'un tout indivisible, et un traitement curatif qui fait disparaître les premiers symptômes détruit nécessairement les seconds.

On ne peut apprécier d'une manière exacte la vertu curative d'un médicament que par suite de ses qualités physiques et chimiques ; l'observation clinique ne saurait fournir rien à ce sujet que des données fort incertaines, excepté dans quelques affections à miasme ou à virus stable. Chaque maladie est une individualité qui doit être envisagée comme nouvelle et particulière, et, dès-lors, tel médicament trouvé salutaire dans telle maladie, ne saurait être appliqué dans telle autre qui ne lui ressemble que par un certain nombre de symptômes. L'unique moyen d'apprécier la vertu curative des médicaments, c'est d'observer le développement de leur action sur les corps sains ; toute substance médicamenteuse appliquée ainsi à l'économie détermine un changement favorable.

Pour faire connaître l'ensemble des qualités essentielles de l'homœopathie, nous laisserons parler M. Léon Simon, dans son cours de médecine homœopathique, rapporté par le *Journal de la Société hahnemannienne de Paris*, page 416, t. I.

« L'homœopathie est une doctrine. Cette doctrine est complète. Cette doctrine est essentiellement dynamique.

« L'homœopathie est une doctrine ; elle n'est ni une théorie ni un système.

« Ce n'est pas à dire qu'il n'y ait en elle ni théorie ni système.

« Mais l'homœopathie n'est pas une théorie, puisqu'elle a ses principes à elle, principes justifiés, vous l'avez vu, par l'observation la plus vulgaire comme par l'observation la plus minutieuse. L'homœopathie accepte la théorie comme un moyen de développer, en les précisant, les principes qu'elle proclame ; mais elle la domine, loin de se laisser gouverner par elle ; elle la domine au point qu'elle la juge, la repousse ou l'accepte, selon que les spéculations théoriques ébranlent ses principes ou leur prêtent un appui quelquefois utile, jamais indispensable.

« L'homœopathie n'est pas non plus un système, et cependant il y a en elle du système, et un système d'un enchaînement remarquable par sa rigoureuse simplicité.

« Qu'est-ce qu'un système? « C'est un assemblage de propo-« sitions, de principes vrais ou faux mis dans un certain ordre « ou enchaînés ensemble de manière à en tirer des consé-« quences et à s'en servir pour établir une opinion, une doc-« trine, un dogme (1). »

« De ce point de vue, il faut le reconnaître, l'homœopathie offrirait son côté systématique. Les principes, dont l'ensemble forme la doctrine, sont reliés entre eux par des rapports obligés, enchaînés les uns aux autres dans un ordre de dépendance tel, qu'ils se supposent tous jusqu'au fait premier de la doctrine, qui explique et justifie tous les autres ; que rien n'explique, et devant lequel il convient de s'incliner comme devant un insondable mystère.

« Mais il en est, en homœopathie, du système comme de la théorie : la doctrine le gouverne et le domine ; parfois elle accepte son secours ; souvent aussi elle résiste à l'ordonnance logique qu'il prétend lui imposer. C'est un hôte qu'elle accueille avec bienveillance, auquel elle offre un abri, jusqu'au jour où, devenu trop exigeant, elle se sépare de lui sans crainte comme sans regret.

« Car l'homœopathie, au moins je l'espère, ne consentira jamais à perdre le caractère qui la distingue essentiellement, celui d'être une doctrine. Du jour, en effet, où elle abandonnerait les principes sur lesquels elle est établie, elle décréte-

(1) Cette définition est celle du *Dictionnaire de l'Académie*.

rait sa ruine plus ou moins prochaine ; tandis qu'elle n'a rien à craindre ni du présent, ni de l'avenir, si elle reste fidèle aux grandes vérités qu'elle a si hautement proclamées.

« Quelles sont ces vérités ?

« Le dynamisme vital, la loi des semblables, l'action dynamique des médicaments, la nature dynamique des maladies ; en d'autres termes, un principe physiologique, un principe thérapeutique, un principe pathologique, et un principe de matière médicale : voilà les quatre colonnes inébranlables sur lesquelles Hahnemann a élevé son édifice ; voilà l'homœopathie. »

Et vous, allopathes, que nous avez-vous donné, jusqu'à ce jour, en humorisme, en spiritualisme, en matérialisme, en organicisme ? des théories, des systèmes enfantés par les rêves de votre imagination, systèmes qui ont fait leur temps, et qui sont tombés faute de preuves de leurs mérites ; amas de raisonnements incertains et captieux qui ont été pour l'humanité une calamité publique ; raisonnements arrangés avec ordre, écrits par des plumes savantes, qui ont pu leur donner la couleur de la vérité ; suppositions parfaitement classées, mais qui ont laissé la science pauvre, mesquine, remplie de préjugés, de mensonges, de coutumes vicieuses et d'empirisme.

Jusqu'à quand retarderez-vous le progrès de la science, par vos aberrations, par vos mépris ? L'homœopathie, que vous rejetez, que vous repoussez et que vous voulez anéantir, est une doctrine complète.

De l'horreur qu'ont certaines personnes pour les innovations.

Toutes les découvertes, quelque vraies, quelque justes, quelque utiles qu'elles soient, seront, dans tous les temps, repoussées, combattues par ceux qui ne veulent point se donner la peine de puiser dans ces immenses trésors. Nous ne pouvons assez examiner combien le cours précipité du temps influe peu sur les générations qui se succèdent. On demande à grands cris le progrès, la civilisation, les lumières ; on se félicite de les voir, et on les repousse. L'ignorance est toujours debout avec son hideux cortége; la haine que l'on porte à ce qui paraît de nouveau dans les arts et les sciences, fait aimer la routine. S'il fallait en croire certaines personnes, dans leur impudence, et qui n'ont point de confiance dans l'avenir, toutes les choses se faisaient mieux autrefois qu'aujourd'hui; elles prouvent, par là, qu'elles ne veulent avoir de l'admiration que pour les connaissances anciennes, sans pouvoir nier l'utilité des innovations dont elles sont les témoins vivants.

L'ancienne routine plaît à des sujets paresseux, bornés et indolents; il est facile de continuer à faire ce que l'on a toujours fait. L'habitude, par exemple, conduit un médecin de l'ancienne école auprès d'un malade, pour lui donner ses soins; elle lui trace tout de suite ce qu'il doit faire; c'est ce qu'il a toujours fait. Ce médecin ne voit dans toutes les maladies que l'irritation, système certainement très-facile à suivre, qui ne demande point de grandes études, encore moins de peines et de temps. Ce médecin et ceux qui lui ressemblent ne peuvent faire autrement; ils oublient leurs devoirs, qui sont d'étudier et de suivre la science dans sa marche progressive.

Il est sans doute plus facile de repousser les innovations utiles que de les apprécier. Les détracteurs de l'homœopathie tiennent ingénieusement le peuple dans l'ignorance de toutes les découvertes utiles; c'est là toute la peine qu'ils se donnent. Si quelqu'un parle avantageusement des cures obtenues par l'homœopathie, ils rient, haussent les épaules, accompagnent leurs discours de dérisions stupides, mais adroitement dirigées, afin de convaincre le public que les partisans de cette sublime science ne sont que des imposteurs; ils mendient, par leur adulation, les applaudissements de la multitude; ils se font préconiser par des parents, par des amis, par des familles traitées gratuitement, et par des personnes privées de jugement; ils cherchent tous les moyens pour augmenter leur clientèle, et enlèvent aux médecins laborieux, qu'ils calomnient sourdement, toute la confiance que ces derniers méritent.

Toutes ces menées ne doivent point arrêter néanmoins les

médecins estimables sous tous les rapports, qui, par leurs travaux assidus et leurs généreux efforts, consacrent leur vie entière à l'étude et à la pratique de l'homœopathie. Connaissant leurs devoirs, forts de la vérité, ils ne feront jamais de l'art de guérir une spéculation ; secourir l'humanité souffrante sera toujours le but de leurs efforts, de leurs vœux et de toute leur sollicitude.

Jamais on ne trouvera un vrai mérite dans le médecin qui, pour plaire à ses malades, sera d'une souplesse à toute épreuve, et même capable de digérer un affront. Un tel homme, à coup sûr, donnera de lui et de l'art qu'il professe une bien petite opinion. Un médecin, pénétré de la grandeur de ce titre et digne de son état, préférera n'avoir point de clientèle que de se soumettre à la moindre humiliation.

Il ne faut pas s'étonner du dégoût qu'ont certaines personnes pour les innovations. Peut-on voir plus loin que ce que la vue nous permet de voir ? On ne croit dans le monde que ce que l'on peut concevoir, ou ce que l'intelligence dont on est pourvu peut nous faire apprécier; aussi repousse-t-on avec défiance ce que l'on ne peut comprendre. Avant que le hasard eût fait connaître la boussole, pouvait-on conduire un vaisseau du pôle nord au pôle sud, et parcourir le vaste Océan ? Avant l'invention des lunettes d'approche, pouvait-on penser que le hasard encore ferait connaître un instrument à plusieurs verres lenticulaires, placés dans un tuyau, qui rapprocheraient considérablement à l'œil les distances ? Nous vous le demandons, incrédules en toutes choses, avant la connaissance des machines à vapeur, aurait-on pu penser et croire que l'on conduirait un navire contre le vent sans le secours des voiles ? Que de siècles se sont écoulés, sans que jamais personne ait eu l'idée d'une si grande découverte, qui frappe aujourd'hui tout le monde d'une juste admiration. Tels sont les progrès du genre humain ; il marche continuellement, pas à pas, et en tâtonnant, vers la perfection, en repoussant tout ce qui lui est présenté.

Tout le monde connaît toutes les difficultés qu'a éprouvées la chimie, pour devenir une science positive ; les alchimistes furent longtemps voués au mépris et à la raillerie des savants; cependant, au milieu de toutes les opinions qui repoussaient leurs travaux, lord Bacon fit connaître au treizième siècle que les fouilles, supposées extravagantes, des alchimistes avaient fertilisé les champs de la science. En cherchant la pierre philosophale, la chimie, inconnue jusqu'alors, fut découverte. Ainsi les connaissances, toujours arriérées, n'arrivent que par degrés. Croyez-vous, dans votre aveugle présomption, que toutes les plus grandes découvertes ont été faites? il nous reste beaucoup à découvrir. Cette quantité de savants, qui travaillent dans toutes les régions de la terre, en sont une preuve certaine. Que d'objets d'arts et de sciences, qui nous étaient inconnus, qui nous sont présentés, et dont nous sommes admirateurs, flattés de voir se développer le progrès en faveur des hommes présents et des générations futures.

Nécessité de l'instruction en médecine.

Il est des hommes, des docteurs qui, munis d'un titre qui leur donne le droit d'exercer la médecine, ne s'occupent plus d'aucune étude. Comment peut-on rester stationnaire dans une science qui est notre profession, et qui, n'ayant point encore obtenu la perfection nécessaire, peut éprouver à tout moment de grandes variations? C'est s'éloigner de la science que de ne la point suivre pas à pas dans ses découvertes. Pour se dire médecin, et en subir toutes les conséquences; pour remplir enfin consciencieusement et fidèlement son état, il faut étudier à chaque instant et toute sa vie...

Il est donc très-urgent qu'un médecin soit instruit; qu'il ait beaucoup lu, beaucoup vu, comparé et observé. La réflexion dans les études donne un sain jugement; l'érudition dans les connaissances nous aide à sortir du cercle étroit où l'esprit non cultivé se trouve enfermé.

Un homme savant examine toujours, avec la plus minutieuse attention, toutes les théories, toutes les opinions présentées, et ne croit que ce qu'il peut juger sainement. Ainsi, loin d'adopter aveuglément ou indistinctement tout ce qui lui est fourni, il en recherche les avantages et n'admet que les choses raisonnables.

Nous ne prétendons point confondre le vrai savoir avec une érudition orgueilleuse et commune. Voltaire, J.-J. Rousseau et beaucoup d'autres se firent de nombreux partisans, et mirent, dans le siècle passé, tous les lecteurs de leur-côté. Cependant, avec un peu de jugement et un peu de génie, on reconnaît facilement toute l'inconséquence de leurs principes sophistiques.

C'est de la lecture avec réflexion que nous devons attendre le sain jugement, afin de n'être point la dupe de tant de petits esprits et de fausses théories. Les observations comparées, le rapprochement des faits, les ouvrages choisis et nouveaux de notre art, nous entretiennent continuellement avec les hommes éclairés. Dans nos loisirs, nous apprécions leurs découvertes. Celui qui est assez heureux pour aimer l'étude, court au-devant de tout ce qui se publie d'utile, dans l'art de guérir, et apprécie l'utilité des innovations.

Ce sentiment de curiosité nous donne le désir de connaître ce qui nous est inconnu, sert à former nos idées et à fixer notre choix; elle nous procure cette délicatesse, cette finesse de goût que nous ne tenons pas toujours de la nature. Que n'acquiert-on pas dans la conversation des hommes instruits? Le commerce de l'érudit charme surtout celui qui voit naître de ses pensées ou de celles qu'il rapporte, l'excellence de son jugement. Toute chose se présente avec clarté par la réflexion, et s'analyse avec une justesse étonnante. Chaque mot, chaque phrase se placent avec harmonie; enfin les expressions sont claires et nettes.

Opposition systématique des allopathes contre l'homœopathie.

Quand on pense à tous les moyens dont les allopathes se servent chaque jour pour nuire à l'homœopathie ou pour l'anéantir, on ne peut se dissimuler combien ils redoutent de nouvelles études. Que de mensonges débités dans le monde contre des hommes dévoués à l'humanité, et assez charitables pour braver leurs sarcasmes ou pour n'y pas faire attention. Eh quoi! se dira-t-on à soi-même, la médecine des phlegmasies a-t-elle fait tous les progrès possibles? tout a-t-il été dit? ne reste-t-il plus rien à désirer pour mettre la science des allopathes en faveur, et pour nous ranger dans sa théorie? Le système de Broussais, arrivé à son apogée, a-t-il atteint la vérité? Il est vraiment pénible d'être l'objet du mépris et des clameurs qu'on ne mérite pas, et de voir des hommes, professant comme nous un art libéral, pousser l'audace jusqu'à demander une loi pour arrêter les progrès de l'homœopathie.

Nous disons donc aux allopathes : quel est le mal que nos médications ont fait à nos malades? Faites-vous mieux que nous? Si vos médicaments sont sans danger, dites-vous, dans leur application, les nôtres sont-ils dangereux? Vos cures sont-elles plus nombreuses? Avez-vous oublié, chers confrères, l'histoire de la médecine de tous les temps et ses erreurs? Vos théories et vos systèmes, où vous ont-ils conduits? Etes-vous plus éclairés? votre science est-elle plus positive? Votre conduite en fait de maladie étant toujours incertaine et conjecturale, n'êtes-vous pas toujours tremblants auprès de vos malades? Vous ne pouvez pas plus être assurés des résultats de votre médecine que vous avez étudiée, que de la nôtre, qui vous est inconnue. Avouez-le : en n'agissant que d'après des conjectures, vous ne pouvez vous rendre compte de rien.

A l'invasion d'une maladie, quand on vous demande ce que vous pensez du malade et si l'affection sera longue, sérieuse ou funeste, vous répondez que vous n'en savez rien, sans égard pour le pronostic; en cela, vous êtes conséquents, car vous n'avez aucune confiance dans vos traitements.

L'homme rencontre partout des obstacles qu'il ne peut surmonter; voguant continuellement sur une mer inconnue, il ne peut arriver au port de la vérité. Ses idées, tourbillonnées et jamais satisfaites, n'ont pu lui donner encore une médecine suivie par tous et d'une parfaite unité. Jusques à quand aurons-nous autant de médecines que de médecins? Plusieurs sciences n'ont qu'une seule et même connaissance : la chimie, la physique, les mathématiques sont positives ; on peut encore les enrichir, mais nul ne peut les changer au gré de ses opinions ou de ses caprices. Serons-nous toujours exposés aux opinions des plumes savantes, mais sans conviction? Les médecins de bonne foi demandent sans cesse une médecine positive, d'une seule unité, et qui fasse le bien de tous.

Adopter exclusivement et sans examen une théorie, une doctrine quelconque, négliger de s'instruire de ce qu'elle réfute, de ce qu'elle admet ou de ce qu'elle discute, suppose ou assure une folie impardonnable, une insouciance criminelle.

Aussi nous ne cesserons de dire à nos adversaires, autrefois nos collègues : Approfondissez notre doctrine ; faites des observations, des rapprochements de faits, vous obtiendrez facilement la conviction ; votre jugement sera basé sur la vérité, et vous nous rendrez justice au lieu de nous critiquer.

Du peu d'égards qu'ont les médecins entre eux ; conséquences.

Il est vrai de dire que si la médecine est discréditée et n'est plus appréciée des peuples dans leurs caprices et dans leurs faux jugements, ce n'est pas au manque total de ressources pour guérir qu'il faut s'en prendre uniquement, mais bien souvent aussi au peu d'égards que les médecins ont entre eux.

Voyez un médecin sortant de terminer ses études ou venant s'établir dans une ville ; loin d'y être accueilli favorablement par ses collègues, il est repoussé par eux et par les anciens praticiens, qui ne voient en lui qu'un concurrent dangereux. On ne doute seulement pas de ses connaissances médicales, on cherche à les anéantir. A peine a-t-il un malade à visiter, à traiter, qu'on prend tous les moyens possibles pour lui faire perdre la confiance qu'il peut mériter. La jalousie l'entoure d'un infâme réseau ; la calomnie glisse partout et près de lui son venin mortel ; la haine qu'on lui porte durera toute sa vie. Rien ne saurait le rallier à ses collègues qui lui donnent tous les torts. Ainsi détracté par les méchants, il ne peut se faire une clientèle que parmi les pauvres qui n'ont aucune influence dans ce monde. Si ce médecin n'a pas de fortune, il est contraint de fuir (au reste, ce n'est que dans les petites localités que de telles choses ont lieu) : mais encore faut-il qu'i puisse fuir bien loin ; dans le cas contraire, on le signalerait comme un sujet de mépris. Ainsi envié, calomnié, il ne peut implorer la charité stérile de ses confrères ; il faut qu'il succombe, le sort en est jeté. Cependant on dit dans le monde : nos médecins sont très-charitables, il est vrai, ils sacrifient tout aux opulents, aux influents, mais ne font rien pour la victime de leur jalousie. Peut-on être si inhumain envers un confrère? cela paraît impossible.

Ces médecins, ces anciens praticiens voudraient seuls posséder toute la confiance, la considération et la fortune que la concurrence qu'ils redoutent pourrait leur faire perdre ; aussi voient-ils avec peine s'accroître le nombre des médecins ; ne savent-ils pas que le soleil éclairant de ses rayons toute la terre, chacun a droit à sa chaleur vivifiante, que tout médecin instruit doit vivre des revenus de son état, et que l'empêcher de travailler est une barbarie criminelle, que le travail est pour lui un bienfait de la Providence qui pourvoit à tous nos besoins et à ceux de tous les êtres ; cette Providence permet librement à ces oiseaux émigrant et voyageant par milliers de reposer leurs ailes fatiguées dans les champs féconds ou dans les champs stériles ; où le grain germe pour eux, elle ne les en prive pas.

Chaque abeille a droit au pollen et au sucre que récèle la fleur, et jamais on n'a vu repousser par la république des abeilles celle qui vient porter sa pierre à l'édifice qu'on reconstruit.

Mais revenons au jeune médecin; rempli d'illusions au début de sa carrière, avide de gloire, d'honneurs, et si souvent abandonné et méprisé. Ses parents n'ont choisi pour lui cet état que par pure ambition ; ce que l'on ne connaît pas paraît facile ; aussi, dans leur enthousiasme, ils s'imaginent que leur fils aura bientôt fait fortune, ou, du moins, acquis une douce aisance... Ils eussent beaucoup mieux fait de lui procurer, par de moins pénibles travaux, une heureuse position quoique médiocre ; car, au milieu de tant de soucis et de peines dont ce médecin est accablé dans son état, il n'obtient en compensation qu e hagrin, dégoût et ingratitude. Réussit-il à rendre la santé, on attribue la cure aux ressources de la nature ; si le malade succombe, le médecin a tous les torts : il n'a point connu la maladie et les remèdes qui pouvaient la guérir.

Tel est le discrédit où nous a conduit et la médecine des irritations, dont les partisans ne veulent plus revenir, et la jalousie des médecins entre eux.

Il y a quelques années que cette ambition bien pardonnable de destiner leurs fils à la noble profession de médecin s'est emparée de la plupart des pères de famille riches qui croient cette profession honorable très-lucrative. Combien se sont-ils trompés dans leurs espérances ! Sur mille médecins qui parcourent cette carrière, deux ou trois réussissent à se faire un sort ; les autres végètent, et on peut appeler ces derniers des pauvres honteux. La première condition pour embrasser cette profession devrait être une existence indépendante, c'est-à-dire au-dessus de tous besoins ; dites-nous alors quel est celui qui, étant dans cette heureuse position, s'adonnerait généreusement à la pratique de l'art de guérir avec toutes ses conséquences, et irait sacrifier les trois quarts de sa vie à des études longues et difficiles ; il serait rare de le trouver. Cependant on a pu rencontrer des hommes riches assez dévoués à l'humanité et à la charité pour faire tous les sacrifices qu'exige cette profession.

Comment faire apprécier l'art divin de la médecine, quand des préjugés monstrueux infectent et les peuples et la médecine elle-même ? Il faut attaquer le mal dans sa racine ; il faut dire toute la vérité. La dignité des médecins semble s'affaiblir de jour en jour ; bientôt nous ne serons plus pour le vulgaire que des ouvriers, des marchands de paroles : il n'a plus de confiance en nous. Nous ne savons à quoi attribuer, dans nos succès même, cette indifférence, cette insouciance et ce peu d'égards qu'on a pour nous, si ce n'est à ces préjugés dont nous venons de parler. Nous voyons avec peine qu'on n'a plus pour nous la même considération ni le même respect dont nous jouissions autrefois. Si un de nos malades meurt, les parents ne se croient nullement obligés à nous payer nos honoraires ; si nous le relevons, ils attendent nos réclamations pour débattre avec nous jusqu'au dernier centime.....

Le monde, vous le savez, est très-difficile et d'une insatiable exigence. Pour lui être agréable, il faudrait que la médecine fût infaillible dans tous ses traitements, ce qui n'est point possible; nous ne pouvons, quelles que soient les ressources de notre art, triompher de toutes les affections qui nous sont confiées. Que de causes inconnues s'opposent à la guérison ! maladies héréditaires, mauvaises conformations, maladies des organes, vice dans le sang, santé délabrée par l'orgie, excès de débauche en tous genres, passions violentes et cachées qui détruisent peu à peu l'organisme; ivrognerie, usage des boissons spiritueuses, imprudences dans toutes les saisons, abus de toutes sortes, écart de régime, virus qui ronge les os, qui conduit au marasme et au tombeau ; maladies épidémiques, contagieuses, typhus ; enfin, maladies causées par l'intempérie des saisons, par la vieillesse et par l'enfance. Que de causes encore ! que d'obstacles s'opposent à ce que nous puissions guérir tous nos malades !

Appelés pour soigner de nombreuses familles, nous accourons charitablement à leur secours. Pendant douze ans, quinze ans, avons-nous réussi, nous sommes prônés, on exagère nos connaissances ; la confiance entière de ces familles nous est acquise. Un seul de leurs membres succombe-t-il à une terrible maladie, nous n'avons rien fait de bon : nous devions rendre ces familles immortelles. Loué, flatté, préconisé pendant quinze années, un seul jour voit s'éclipser toutes nos espérances..... A quoi bon se donner tant de peines ?....

Les éloges qu'on nous prodigue dans l'exercice de notre art ne peuvent guère nous flatter. A côté d'eux sont les épines cruelles qui ne cessent de piquer notre existence.

Pauvres médecins ! Ah ! combien nous sommes à plaindre ! Nous faisons tout le bien possible à l'humanité souffrante ; nous sommes par devoir aux ordres de chacun, et personne n'est aux nôtres ; tout le monde réclame nos soins empressés, notre dévouement, nos généreux efforts, et nous ne recueillons souvent, pour prix de tant de peines, que la plus noire ingratitude. (Mal passé n'est qu'un songe.)

Lorsqu'un homme riche est sérieusement malade, son médecin est pour lui un être précieux : Oh ! mon cher docteur, lui dit-il, vous êtes mon bienfaiteur, mon ami ! Comment pourrai-je assez reconnaître ce que vous faites pour moi ? Qu'il me tarde d'être en convalescence pour m'acquitter dignement envers vous !... Mais à peine la santé renaît, qu'on se hâte d'en abuser ; alors la scène change : l'ex-malade se félicite de la bonté de sa poitrine, et, comptant pour rien la reconnaissance dont il assurait quelques jours avant son médecin : Je suis un excellent corps, se dit-il. Et le pauvre docteur est oublié, ainsi que toutes les peines qu'il s'est données. Si quelqu'un rappelle à cet homme opulent la cure de sa maladie, il en attribue tout de suite le succès à la nature : Mon docteur, ajoute-t-il, n'a fait que des frais de paroles ; il m'a prescrit peu de médicaments ; il aurait dû m'en donner beaucoup. Le public ne juge du mérite du médecin que par la quantité de drogues ordonnées, et non par les effets qu'elles produisent...... O ignorance !....

Voilà encore où nous a conduits la médecine des irritations, les préjugés des peuples et le manque d'union parmi les médecins, causé par leur avidité et par leur manque de lumières.

Si, cependant, reconnaissant notre position critique, médecins que nous sommes, au lieu des désordres et des luttes continuelles, et fatigués de combattre à pure perte contre nos intérêts, un heureux accord s'établissait parmi nous, quel avantage n'en tirerions nous pas ? Une médecine d'unité, un retour sincère les uns vers les autres, l'aide réciproque de nos conseils opposeraient au torrent qui veut nous envahir, une digue forte et insurmontable.

Il ne faut point s'étonner de ce que les choses, en médecine, restent telles qu'elles sont. L'exercice de la médecine civile est pour nous sans fruit ; il n'est favorable qu'aux privilégiés à hautes places où à fortes retraites ; ceux-ci font tout ce qu'ils peuvent pour tout envahir ; de tous les états, dans une petite ville, le plus malheureux est celui de médecin. Le nombre des médecins y est considérable, leurs clientèles ne peuvent suffire à leurs besoins : mieux vaudrait, pour plusieurs d'entre eux, le dernier état manuel. Chacun connaît les sacrifices d'argent que fait un médecin, et pour ses études et pour sa réception. Toutes les professions prospèrent, en France, excepté celle de médecin.

Il est bie déplorable que par les haines dont se gratifient mutuellement les disciples de la médecine, celle-ci perde son éclat et sa grandeur première ; qu'appauvrie, insultée par ceux qui la professent, elle tombe mutilée sous la main de ses persécuteurs... Ah ! si, n'écoutant que la voix de l'honneur, ralliés sous le même étendard d'unité et de vérité, nous combattions, non les uns contre les autres, mais les uns pour les autres, notre triomphe ne saurait être douteux !... Eh ! quel bonheur n'assurerions-nous pas à la postérité qui nous jugera, et à l'humanité que nous oublions !...

Qu'elle soit donc mieux comprise cette mission glorieuse que nous sommes appelés à remplir ; et, qu'oubliant des dissensions toujours funestes, nous nous coalisions pour le bien de la science et pour la santé des hommes. Fiers de notre mandat, muselons la critique injurieuse qui, prête à fondre sur nous, veille sans cesse et guette l'occasion favorable. Enhardis, appuyés sur un commun accord, concourons tous au bonheur du peuple. Détruisons les coteries salariées qui vendent ou achètent la réputation ou l'infamie de l'un, renversons l'idole de son marchepied.

Ces gens de coterie, toujours prêts à déchirer ce qui les blesse, les choque ou les offusque, ne sont point conséquents ; ils jettent de la boue aujourd'hui sur la réputation de ceux qu'ils encensaient hier ; profitant de cet axiome populaire, auquel nos désunions n'ont que mieux fait prendre racine, ils répètent en chœur, aussitôt que la mort frappe un malade : *Le médecin l'a tué...* comme s'il avait été donné, au médecin, pouvoir de vie et de mort : semblables à ces peuples barbares qui placent au faîte des grandeurs l'homme dont le succès a toujours couronné les efforts, et le dépouillent de ce haut rang dès qu'il succombe ; souvent même il ne doit qu'à la fuite la conservation de sa liberté et de sa vie.

Profession de foi. — Aveu des homœopathes.

Lors de l'apparition de la médecine des phlegmasies, système de Broussais, nous étions à Paris, où nous continuions nos études médicales. Il se fit grand bruit de ce système parmi les médecins et les étudiants ; aucun ouvrage n'avait été publié touchant cette matière. Nous suivîmes avec enthousiasme les cours de ce professeur dans la capitale. Satisfait des prémices de cette nouvelle médecine, nous écoutions avec admiration ses paroles qui semblaient promettre à la science une ère nouvelle. Bénissant en nous-même les instants employés à écouter l'éloquence entraînante et persuasive de ses discours, nous nous disions avec bonheur : Quel triomphe ! quand nous nous livrerons à la pratique, aux traitements infaillibles de ce professeur.

Il nous avait démontré, jusqu'à l'évidence, selon lui, qu'il n'existait point de maladies héréditaires, et que toutes les maladies n'étaient dues qu'au développement de l'irritation accidentelle d'un organe ; que sans traitements positifs elles devenaient chroniques, ensuite mortelles ; traitées par les moyens rationnels propres, elles étaient bientôt guéries : dès lors il nous parut que nous devions réussir dans toutes les maladies réputées incurables.

La pratique de ce système ne nous offrit que déception, dégoût et chagrin, malgré tous nos efforts. Nous reconnûmes que nous avions été induit en erreur, que notre manque de lumières nous avait empêché de discerner ce qu'il y avait d'illusoire dans les conseils que nous avions suivis ; enfin nous reconnûmes bientôt, par notre propre expérience, qu'il ne fallait pas être systématique, et que toutes ces grandes applications de sangsues, ces saignées, tisanes débilitantes et diètes forcées étaient moins un système qu'un assemblage d'erreurs grossières plus ou moins évidentes.

Cependant, après de grandes recherches dans ce système et de grandes études, nous nous hasardâmes, nous suivîmes à demi, et en nous défiant, sa théorie. Nous eûmes à nous louer de cette sage précaution, nous eûmes de nombreuses réussites ; mais nous n'étions déjà plus systématique lorsque la doctrine du célèbre Hahnemann nous fut annoncée par les journaux.

Avide de nouvelles connaissances, nous étudiâmes longtemps l'homœopathie avant d'avoir le courage de la pratiquer ; nous pouvons le dire, notre premier malade traité homœopathiquement fut nous-même ; nous obtînmes la guérison la plus complète d'une maladie psorique qui avait résisté pendant plus de vingt ans à tous les traitements de l'ancienne école.

Depuis nous avons été homœopathe avec conviction, et nous le serons tant que nous vivrons.

Lors de la naissance de l'homœopathie en France, annoncée par Hahnemann, son auteur, à l'Académie de médecine, les élèves de Broussais dirent à leur maître : Que pensez-vous de cette innovation qui renverse tout votre système ? — J'ai voulu, répondit-il, connaître cette médecine homœopathique, et je l'ai étudiée et appliquée à plusieurs malades, mais je n'ai pu les guérir ; sans doute je ne l'ai point assez approfondie. Néanmoins je vois tant de médecins du plus grand mérite qui s'occupent de cette médecine et qui réussissent à guérir, que cela doit me fermer la bouche.

Broussais est le seul novateur qui ait fait un aveu si rare, et qui ait vu, de son vivant, son système remplacé par un autre.

— Mais, nous dira-t-on, la médecine ancienne que vous blâmez et critiquez, guérit aussi les malades ; nous voyons tous les jours des cures ; il est, parmi ceux qui pratiquent cette médecine, des hommes de l'art du plus grand mérite, c'est-à-dire des hommes qui ont acquis de grandes connaissances par l'étude et par l'expérience. Les professeurs de la Faculté, par exemple, ne sont-ils pas des savants reconnus, consacrant leur vie entière à l'enseignement de la médecine ? — Nous conviendrons que ce sont des hommes estimables sous tous les rapports, mais nous ne pourrons les approuver lorsqu'ils appliqueront à leurs malades le système de Broussais.

Quant à nous, homœopathe, nous ne saurions apprécier les travaux de ceux qui suivent une médecine d'erreurs. Nous voyons avec peine que, conformément à leurs principes dans le traitement des maladies, ils s'adressent aux effets sans rechercher la cause. Leur médication est donc fausse et nulle. Fort heureux quand ils peuvent apporter quelque adoucissement momentané et quand ils n'entravent pas la marche de la bienfaisante nature par les saignées, les sangsues, etc., moyens qui ne font que pallier les souffrances sans détruire la cause dynamique qui les développe et les entretient; aussi nous ne sommes point surpris de voir les malades traités selon le système de Broussais, languir et n'être jamais entièrement guéris. Un mieux supposé apparent, un adoucissement un instant obtenu ne peuvent être une cure complète. Les malades redeviennent périodiquement ce qu'ils étaient; la cause morbide existe toujours et fera de nouveau explosion.

Vous le savez, allopathes, un vice permanent dans le sang l'échauffe, l'enflamme, surtout aux approches du printemps; la moindre transition de température peut facilement développer une maladie inflammatoire. En 1856, toutes les personnes qui furent atteintes de la grippe, dans nos contrées, avaient, au côté du thorax, une douleur symptomatique qui se dissipait avec la maladie. Les partisans des phlegmasies, fidèles à leurs principes, crurent à la présence d'une pleurésie. Cette grave erreur nécessita la saignée, qui fit périr beaucoup de monde. Presque toutes les personnes attaquées de la grippe furent donc victimes de la saignée. Cette maladie fut presque aussi funeste que le choléra asiatique. Nous traitâmes pour notre part soixante-trois malades, et nous n'employâmes ni saignée, ni sangsues, ni aucune espèce de débilitants, nous n'en perdîmes pas un seul.

Convenez que vous n'avez jamais guéri personne par vos traitements palliatifs, si ce n'est quelques personnes dont les légères indispositions se dissipent ordinairement d'elles-mêmes.

Vous êtes heureux, et fort heureux, que vos malades ne

succombent pas tous à vos traitements intempestifs, qui contrarient la nature. Tous les ans, aux mêmes époques, se représentent des personnes atteintes de maladies inflammatoires que vous guérissez, quand vous le pouvez, par des émissions sanguines. Traitées homœopathiquement, ces personnes seraient efficacement guéries, sans aucune crainte de retour.

Il semble qu'une combinaison allopathique ne peut qu'être erronée et fatale aux malades. Il n'est pas rare de voir employer les saignées et les sangsues par les médecins systématiques, pour guérir la pleurésie et la pneumonie, dont ils croient que de jeunes enfants sont atteints. Nous sommes obligé de signaler, pour le bien de l'humanité, que ces maladies, étrangères à l'enfance, sont plus dangereuses dans l'adolescence et dans l'âge mûr.

Appelés pour remédier aux désordres de l'imagination, vous pratiquez donc des émissions sanguines. D'après vos théories, ces émissions sont loin de paraître funestes : elles rafraîchissent en effet le sang et le renouvellent. Ce n'est qu'un calme trompeur : il s'ensuit un affaiblissement général, une forte maladie, une convalescence interminable, et souvent une rechute. Cette pleurésie ou cette pneumonie, qui vous paraît si terrible, n'aurait demandé, en homœopathie, que cinq jours de traitement, sans aucune espèce de convalescence ; le malade, rétabli, prenant de suite ses travaux, n'est point constitué en grande dépense pour les médicaments et les visites du médecin.

Osez-nous dire, maintenant, avec votre cortége d'ignorants ou de méchants, que les homœopathes ne sont que des imposteurs ! vous mentez, vous parlez contre votre conscience ; vos traitements sanguins ne sont qu'une longue et dangereuse erreur !

Nous ne prétendons point vous discréditer dans l'esprit public, nous n'eûmes jamais une si coupable pensée ; mais, fort de nos principes, nous répondrons seulement à vos arguments, futiles et envenimés : notre but, vous voyant égarés, est de vous ramener à des idées saines, à une science positive, pour que vous puissiez nous juger avec connaissance de cause. Telle est notre ambition, telle est notre sollicitude.

Vous savez que pour devenir humain, charitable, compatissant, consolateur, il ne faut que pratiquer l'art de guérir; mais, pourvus de toutes ces qualités, vous auriez dû vous instruire de la véracité de nos principes, au lieu de les repousser sans examen. Vous avez maudit, calomnié, foulé aux pieds une doctrine émanée de Dieu. Vous avez voulu juger ce que vous ne pouviez concevoir... Peut-on donner des détails sur un objet qui nous est inconnu?...

Certains d'entre vous, lisant nos ouvrages, sans les comprendre, ne laissent pas d'en tirer des conséquences tout à fait absurdes. Il ne faut pas plus être étonné de l'exiguïté de leur intelligence que de la passion qu'ils mettent dans leurs faux jugements; ce sont les suites de leur mauvaise éducation médicale. N'ayant aucune connaissance positive dans leur système mensonger, comment peuvent-ils avoir l'aveugle prétention de censurer nos travaux, et de s'ériger en juges de notre médecine et de nos traitements?

Lorsque nous pratiquions, comme vous, la médecine des phlegmasies, système de Broussais, nous étions parfaitement d'accord, à part cette jalousie captieuse qui se rencontre dans presque toutes les localités; maintenant, revenu de toutes les erreurs de votre système, vous nous faites une guerre acharnée, même un crime impardonnable, d'avoir déserté vos étendards et de nous être rangé sous ceux de la vérité. Ah! chers confrères! soyez plus charitables. Faut-il, parce que vous avez la berlue, que nous devenions aveugle? est-ce là le seul moyen de vous plaire? Il n'y a pas de bon sens dans vos procédés. Pourquoi maudire l'homœopathie, la charger d'absurdités? Soyez plus généreux; faites-nous des questions; établissez une polémique scientifique; faites valoir vos ressources allopathiques; mais ne nous dites point des injures. Si vous croyez vos moyens meilleurs que les nôtres, prouvez-le. Si vous ne voulez pas croire à la propriété de nos *infiniment petits*, nous ferons tout ce qui dépendra de nous pour vous convaincre; nous ne craignons point, nous ne redoutons aucun éclaircissement, aucune discussion; au contraire, nous les désirons, nous les recherchons de grand cœur; mais nous ne les demandons que pour vous éclairer. (C'est du choc du caillou que jaillit l'étincelle.) Nous souhaitons une opposition scientifique, sage, modérée, éloignée de toute passion; car vous savez que la passion est l'absence de la raison.

Ne doutez donc pas de la propriété de nos dynamisations; ce serait une folie impardonnable de ne point reconnaître les résultats que nous obtenons journellement sur les malades; ils dépassent nos espérances, et nous n'en sommes pas surpris.

Voudriez-vous, dans un injuste dépit, détruire la sublime homœopathie, la vérité par excellence, répandue dans le monde entier? ce serait impossible; elle a des amis, des partisans nombreux; vous ne feriez qúe de vains efforts.

Aucune personne, quelle que soit sa capacité, ne pourra plus sainement juger laquelle des deux médecines a raison, qu'en nous suivant les uns et les autres auprès des malades.

Séduit ou trompé, le peuple ne pourra jamais donner une solution juste et entière. Nos cures font grand bruit, notre clientèle augmente, ainsi que le nombre de nos partisans; cela n'est point une preuve suffisante. Quand le gouvernement se décidera à remettre le service des hôpitaux à des homœopathes, on aura la preuve suffisante de la supériorité de notre médecine. Mais le gouvernement, quoique pertinemment persuadé par les faits, ne saurait ignorer que, pour opérer un changement si favorable à la vraie science de l'homœopathie, il faudrait réformer de fond en comble l'enseignement médical, le matériel des hôpitaux, et le service des médecins militaires, de la marine et civils.

L'intérêt le plus grand d'un peuple est de conserver une population saine qui s'accroisse journellement. Confier les traitements des malades à la routine, quand on peut faire mieux, est un manque de logique qui a coûté et qui coûtera encore bien cher à cette population.

L'homœopathie, vierge de tout mensonge, n'a d'autres protecteurs que la vérité de ses principes. Quoique peu appréciée par la majorité des médecins, elle se fera jour ; elle triomphera de ses ennemis. Alors, généralement reconnue, elle fera le bien de l'humanité tout entière ; les clameurs injustes, les menées coupables, les protestations ridicules, ne sauront détruire le mérite et les grands avantages de cette doctrine.

Des obstacles que rencontre l'homœopathie.

Si les principes de l'homœopathie ont de la peine à se faire jour dans les grandes villes, ils en ont bien plus à percer dans les petites localités, où les préjugés, les coutumes, la calomnie, la jalousie, l'envie, ont établi leurs tribunaux odieux. Néanmoins, il est encore des hommes, libres d'opinion, qui savent discerner la vérité du mensonge, malgré les nuages obscurs de l'ignorance et la crédulité du public.

Plusieurs obstacles se présentent dans les petites villes, et barrent le passage à l'homœopathie. Premièrement, les médecins systématiques qui ne veulent pas étudier ; ils ont un grand intérêt à dénaturer, à affaiblir, à nier nos cures ; mentir à leur conscience est pour eux la plus petite chose ; l'incrédulité est leur partage. Ils supposent que, pour nous mettre en réputation, les malades que nous traitons se disent guéris, par pure complaisance, quoiqu'ils ne soient pas guéris ; ou bien qu'ils s'étaient dit malades, bien qu'ils ne le fussent pas.

Deuxièmement. Les pharmaciens. — Ils ne sont pas moins dangereux que les médecins systématiques. — Ils sont appelés, dans leurs intérêts, à jouer les plus grands rôles, pour nous discréditer. Ils maudissent, dans le fond de leur officine, les médecins qui ont eu la coupable pensée de se passer de leurs drogues, et qui n'emploient plus leurs chers médicaments. Ils ne peuvent voir de sang-froid que leurs pharmacies ne nous soient plus utiles ; qu'ils ne puissent plus nous nuire, et que nous dédaignions leur protection ; car, en médecine allopathique, les médecins sont les très-humbles serviteurs de ces messieurs ; ils leur font même une cour assidue, afin d'en être protégés. (Passe-moi la rhubarbe, je te passerai le séné.)

Nul ne réussira en médecine allopathique, s'il n'a un pharmacien à la mode pour protecteur.

Le pharmacien est très-utile au médecin qu'il protége, et qui l'a choisi pour patron ; ce dernier est l'arbitre de la réputation de l'autre ; ils font tous les deux, en même temps leur fortune. D'après le principe fidèlement suivi, toute ordonnance qui n'est point faite par l'ami, est regardée avec indifférence, et même avec dédain. Si l'on demande à ce pharmacien ce qu'il pense du médicament ordonné, il répond, avec l'apparence de la naïveté : Vous auriez dû faire appeler M. D..., bon médecin, qui a beaucoup d'instruction et beaucoup de mérite ; l'auteur de cette ordonnance, confidemment, n'a pas de clientèle, n'est pas fort. Et le public croira ce pharmacien sur parole. Les pharmaciens, en général, sont malhonnêtes hommes ou êtres malfaisants. Nous disons, néanmoins, en général, parce qu'il n'y a point de règles sans exceptions.

Ces pharmaciens ont beaucoup d'influence dans le monde ; ils sont consultés sur le mérite de tel ou tel médecin. Nous connaissons des localités où l'on a plus de confiance en eux qu'aux gens de l'art. Flattés, enhardis par les médecins allopathes, ils traitent, sous le manteau, les maladies secrètes et celles des petits enfants. Ils sont d'un poids considérable dans la balance des opinions médicales ; ils vendent, sans ordonnance, toute espèce de médicament ; ils purgent, font vomir, se rendent eux-mêmes à domicile... Les médecins ne sont plus rien (à part ceux désignés plus haut).

D'où vient cet empiétement sur nos droits? Est-ce à notre indifférence en médecine, à notre insouciance, ou à la crainte de déplaire au public, qu'il faut s'en prendre?

Au milieu de cet agiotage des pharmaciens, qui existe dans les petites villes, nous sommes obligé, pour n'être point trompé, trahi, d'avoir nos médicaments chez nous, achetés chez un pharmacien homœopathe, pour les distribuer, quand il est nécessaire, aux malades ; ce qui augmente nos peines.

Mais, nous dira-t-on, vous ruinez ainsi tous les autres pharmaciens? Nous sommes fâché de ne pouvoir concilier notre confiance avec leurs intérêts ; nous ne devons agir autrement pour nos malades, qui trouvent un avantage réel et considérable dans nos traitements certains et nos médicaments presque sans dépense. Satisfait du bien que nous pouvons faire, nous nous soucions fort peu de leurs clameurs injustes et mensongères. Si nous étions des menteurs, des imposteurs, ainsi qu'ils le disent ; si nous promettions la santé, et que nous ne la donnions pas, ils auraient droit de nous décrier. Leur calomnie, les préjugés, l'ignorance, ne sont pas à craindre pour nous ; nos cures les vaincront et les réduiront au silence.

La pharmacie, de nos jours, n'est plus qu'une maison de commerce où l'on trouve des médicaments pour guérir toutes les maladies en particulier, tant aiguës que chroniques, avec recette ou manière de s'en servir ; cures extraordinaires, certificats des meilleurs médecins de la capitale, etc., etc. Il n'est plus besoin de science, d'expérience pour traiter et guérir les malades.

Consultez un pharmacien : il a, dit-il, dans sa boutique, des remèdes pour tous les maux ; la médecine, à côté de ses spécifiques empiriques, n'est qu'un charlatanisme raffiné ; il n'est pas étonnant de voir ses drogues accréditées par les allopathes, qui les emploient pour amuser leurs malades, ne sachant faire autre chose pour eux.

Quant à nous, homœopathes, nous dirons que tous ces médicaments allopathiques n'ont d'autres recommandations que celles données par leurs auteurs, et qu'ils ne font de bien qu'à eux, par les pharmaciens qui les vendent. C'est donc vainement qu'on viendra nous dire que la médecine allopathique peut obtenir d'heureux résultats et faire de grands progrès ; la multiplicité des drogues dont les médecins se servent pour guérir leurs malades est une preuve non équivoque de leur incertitude sur le régime à suivre.

Il est étonnant que parmi les grandes découvertes allopathiques on n'ait point encore trouvé de préservatifs contre toutes les maladies, voire contre la mort. A coup sûr, de pareils médicaments, mis en bouteilles parfaitement cachetées et étiquetées, ne manqueraient pas d'acheteurs. Fortune serait bientôt faite.

Quoi ! dans ce siècle de lumières, où la plupart des hommes ne doutent de rien, élevés qu'ils sont au faîte des connaissances, les peuples sont si crédules et si faciles à tromper !...

Quelle quantité effroyable de médicaments en usage !...

Quel arsenal de drogues administrées à fortes doses !...

La *Pâte de Regnauld*, par exemple, espèce de remède monstre, qui guérit du catarrhe simple de poitrine, par l'usage de six à huit boîtes, à 1 fr. 50 la boîte (quelle économie !). Ce médicament a dû faire, par l'ineptie des peuples, la fortune de son auteur. Tout ce charlatanisme doit inspirer la pitié : le catarrhe aigu ou chronique se guérit en peu de jours, par les traitements homœopathiques, et avec des médicaments qui n'exigent qu'une petite dépense.

Médecins systématiques et empiriques, dans quelle position mesquine nous avez-vous mis, avec votre médecine dite rationnelle ? Quelle anarchie ! quelles incertitudes ! Les lois qui régissaient la médecine et la pharmacie sont violées ; aucun frein pour les abus ; des désordres sans nombre sont les suites de vos théories de fausseté...

De la différence des médecins entre eux, dans la société, par leur fortune ou par leur mérite.

Portez vos regards dans une ville de dix à douze mille âmes, vous y trouverez vingt ou vingt-cinq médecins exerçant l'art de guérir. Vous serez étonné de voir que des hommes qui ont fait de grandes études se disputent, par tous les moyens possibles, la confiance publique, au lieu de travailler chacun à la mériter. La jalousie, l'amour-propre les poussent. Chacun veut primer. Cette conduite prouve que la plupart ne possèdent qu'une médecine erronée. Les connaissances vraies leur inspireraient des égards réciproques. Des esclaves de la fortune, le plus haut placé se dit le mieux instruit. Voyez ces confrères de l'ancienne école, réunis auprès d'un malade : ils s'observent scrupuleusement ; ils sont en mesure, différant d'opinion médicale; le plus haut placé, disons-nous, frappe ses confrères de son indifférence. Leur passion est toujours présente; ils savent dans leur conscience qu'ils sont tous de la même force dans leur art incertain.

Il y a longtemps qu'il en est ainsi (et il en aurait été longtemps encore de même); le plus haut placé donc, le plus audacieux d'entre eux passait, aux yeux du vulgaire, pour le plus instruit, le plus capable; c'en était fait de la science; elle était discréditée à tout jamais; le charlatanisme exploitait tout à son profit; plus d'avenir pour le jeune médecin n'ayant pour lui que le savoir; les honneurs, la considération, exclusivement réservés aux médecins hautement placés, qui du haut de leur grandeur regardaient avec dédain les hommes du même art; le mensonge avait tout envahi, la corruption était à son comble; le vrai mérite méconnu, oublié; le peuple, si facile à tromper par sa crédulité, ses préjugés et ses faux jugements, ne croyait plus rencontrer la science que dans les chefs des hôpitaux; ceux-ci, privilégiés et très-bien salariés, n'avaient qu'à dire un mot, faire un geste, pour perdre l'avenir de tout jeune médecin. C'en était fait de la science, lorsque l'homœopathie parut, de même qu'une belle étoile qui vient éclairer le monde plongé dans une nuit obscure, et fit briller les rayons de la vérité. Les heureux en médecine la repoussèrent avec force, mais inutilement. Que de menées secrètes; que d'intrigues pour lui nuire, que d'affronts publics n'a-t-on pas cherché à lui faire essuyer. Rien ne leur a réussi. Démontrer et démasquer toutes ces turpitudes est le plus sacré des devoirs que nous nous sommes imposés.

Pour séduire les peuples et leur inspirer une confiance aveugle, il faut les éblouir. Le merveilleux est pour eux du miraculeux. En flattant leurs faiblesses, on est sûr de réussir. Ainsi en agissait un charlatan magnifiquement vêtu, ayant grand équipage et bruyante musique : il montrait au peuple ébahi une somme considérable d'argent, et lui disait : « Je me soucie fort peu de vos pièces, j'en ai plus que vous; vous n'aurez point de mon merveilleux elixir; je ne veux point vous en vendre... » Le piége était admirable, sublime;

aussi, jamais charlatan, en place publique, n'avait fait, avant lui, si belle recette. Le peuple se pressait en masse autour de sa voiture; tous les bras étaient tendus: chacun voulait du précieux médicament qu'il avait eu l'air de lui refuser; et chacun n'était pas moins ébloui que trompé. De même en agissent les médecins de l'ancienne école.

Ces médecins, dont les habits brodés et les places éminentes font tout le mérite, captent la confiance des peuples au détriment des pauvres médecins civils, studieux et laborieux. Ils nous rappellent ces temps passés où les médecins n'avaient d'autre science que leur imposante gravité. Ils cherchaient à fasciner le public par leurs énormes perruques descendant jusqu'aux coudes, leurs habits de velours rouge ou noir et leurs grandes cannes à pomme d'or; parlant peu, ou ne proférant que quelques paroles latines. Ainsi les représentait Molière dans ses comédies, portraits fidèles, non exagérés. Leur savoir consistait en quelques notions d'anatomie, de médecine vulgaire et de pharmacie, réunies ou recueillies dans un petit livre intitulé : *Médecine complète*. Leurs traitements se bornaient à la saignée et aux purgatifs. Ils portaient leurs ordonnances dans les replis de leurs manches, afin de n'avoir point la peine de les écrire auprès des malades. Ils étaient humoristes avant tout; ils possédaient néanmoins une excellente qualité : ils se soutenaient et se protégeaient mutuellement.

De nos jours (comme autrefois) les médecins sont appelés à faire tout le bien possible à l'humanité souffrante. Ils doivent, quelle que soit leur position, concourir à la guérison des malades qui leur sont confiés, et se vouer à l'agrandissement de la science. Ayant tous les mêmes peines et la même sollicitude, ils doivent aussi jouir des mêmes avantages et des mêmes prérogatives; pourquoi faire naître, pourquoi établir une différence entre eux. Le système de Broussais, en excitant la jalousie, a apporté le plus grand désordre dans la science et dans le personnel des médecins.

On ne juge aujourd'hui du mérite des hommes de l'art que par les places qu'ils occupent, en dehors de la science. On aime mieux, quand on est malade, faire appeler un médecin hautement placé qu'un autre. Si différemment on fait appeler quelque médecin routinier, celui-ci se hâte de faire sanctionner ses traitements par le juge en dernier ressort, ce médecin hautement placé, décoré, titré. qui se fait préconiser par le peuple, et obtient de lui une préférence que ne justifient ni ses connaissances, ni son mérite personnel, ni son ancienneté de service. Cet homme riche n'a donc pas besoin de place pour vivre; ses revenus lui suffisent. Cependant, électeur influent, il peut, par protection ou par tout autre moyen, s'élever à la première dignité de son art, au faîte... Dès lors il n'a pas besoin d'étudier pour grandir; son âge, sa grande clientèle s'y opposent. Il est dans une position où ses fautes, même en médecine, sont considérées comme des miracles...

Et le pauvre médecin, plein d'ambition pour l'étude, sans protection, en dehors de tout privilége et repoussé partout, travaille sans relâche pour se faire une existence incertaine.

Quel est le plus instruit de ces deux hommes? La réponse est facile; le plus pauvre et le plus éclairé; mais il n'a rien pour séduire; il ne peut éblouir!

Dans le monde, une idole seule est généralement révérée : c'est l'intérêt. Les hommages ne sont que pour les heureux; l'abandon et le mépris sont le partage de l'infortune.

Qu'un individu quelconque aspire à une place; qu'il ait des connaissances ou qu'il n'en ait pas, il l'obtiendra facilement s'il est riche; tout se vend, tout se donne avec des amis puissants, mais qui, ne connaissant pas l'équité, accordent plutôt leur protection aux dehors séduisants de la richesse qu'au vrai mérite qui ne se montre pas. Ces hommes opulents, qui ne cessent d'avoir les mots de justice et d'humanité sur les lèvres, et qui en sont les plus grands ennemis, feront faire leur chemin, leur réputation, leur fortune à leurs protégés ignorants, et ne daigneront pas aider d'un simple regard de bienveillance le médecin pauvre, toujours bas placé, quoique très-instruit, laborieux, et tout entier à l'étude. Il en est toujours ainsi. Si Thersite est riche, on le prend pour Achille. La fortune ne donne pas le savoir, mais elle fait le bien-être de celui qui la possède.

Les différents titres dans l'exercice de la médecine donnent, aux détriments des uns, par les autres médecins, une primauté qui n'existe pas, et qui est un grand sujet de discorde. Pour connaître les droits de chacun en particulier, nous avons consulté la loi. Nous y avons trouvé que tous les médecins sont appelés à guérir les malades; qu'ils doivent être animés des mêmes sentiments d'humanité, et qu'ils peuvent se donner les mêmes titres pour faire le bien, sans être pour cela passibles d'aucune peine, n'y ayant pas d'infraction; la loi est muette sur ce point : ainsi tous les hommes de l'art, quels que soient leurs titres d'admission, sont appelés à faire tout le bien possible à l'humanité souffrante; tous ont le droit de guérir. L'intelligence seule, les études dont ils ont profité peuvent établir entre eux une différence, le profond savoir, le génie, la bonne doctrine peuvent faire ressortir le bon médecin, mais toutes ces qualités n'aliènent nullement ce droit.

Des préjugés des peuples; de leurs croyances superstitieuses.

« Ce qui est vrai, dans un temps, cesse de l'être dans un autre, et n'est qu'une opinion qu'on encense par habitude ! Il faut être un grand homme ou un grand fou, pour entreprendre de détruire les préjugés; le grand homme ne veut ruiner que les préjugés dangereux; l'insensé veut les ruiner tous. »

« D'ARGENSON. »

Quand on a la connaissance du monde, dans tous les temps, on doit être peu surpris de tous les faux principes qui s'étalent à nos yeux : le sophisme prend le nom de bonne logique, le mensonge celui de vérité, l'apparence, de certitude; la médecine n'est pas à l'abri de ces abus.

Des préjugés. — Les préjugés éloignent l'homme de la vérité. Un voyageur qui a beaucoup vu de peuples peut passer pour avoir beaucoup d'expérience.

Quiconque a beaucoup vu peut avoir beaucoup retenu : de là, un médecin qui a beaucoup vu de malades, doit avoir acquis des connaissances pour les guérir. Mais si le voyageur qui a beaucoup vu, n'a pas retenu le meilleur dans ses voyages, et si le médecin n'a professé qu'une médecine d'erreur, sont-ils plus avancés, l'un et l'autre, dans la vraie science pour le bien de l'humanité ?

Voix de peuple, voix de Dieu.... Chacun le dit. Le docteur est instruit ; il a fait des voyages dans des pays très-éloignés ; plusieurs personnes le disent très-fort dans son art ; elles l'affirment même ; il faut que cela soit.

Influence : les yeux d'autrui valent mieux que les nôtres. Un père de famille, qui a son fils malade, sort de chez lui pour appeler un médecin dont il a fait choix, et qu'il suppose, dans son intelligence, être en état de rendre la santé à son fils : son choix était bon ; mais il rencontre son compère qui, sans conséquence, mais voulant faire voir comme tant d'autres qu'il a quelques connaissances en médecine, le détourne et l'oblige à faire appeler un autre médecin, qui lui est inconnu et duquel il sera loin, plus tard, d'être satisfait.

Des maléfices et esconjurations (conjurations), des devins, magiciens, démasqueurs, etc. Croyances superstitieuses.

Les prétendus devins ou esconjurateurs guérissent à l'aide de paroles mystérieuses les maladies humaines proprement dites, et l'épizootie ou épidémie des chevaux et des bestiaux ? ils guérissent ainsi, et même à la minute, les entorses, les brûlures, les estomac tombés etc., etc. ; ils esconjurent les dartres, la gale et toutes les maladies cutanées et éruptives. Ils sont encore secrètement consultés pour chasser les démons, lever les mauvais sorts, anéantir les ennemis personnels ; désigner les personnes coupables d'un vol, calmer les tempêtes, éteindre les incendies, etc., etc., choses étrangères, du reste, à l'art de la médecine.

Demandez à ceux que croient à de telles absurdités, par quelle puissance ces prétendus devins opèrent ces merveilles ; ils vous répondront que ces hommes privilégiés tiennent ces dons de Dieu ou du démon. Solution vraiment incomparable, mais très-peu évidente ; nous pensons avec plus d'apparence de vérité que l'intérêt particulier et la mauvaise foi excitent les partisans de cette crasse ignorance.

C'est surtout dans nos campagnes, sous le toit rustique, où cette jonglerie criminelle trompe effrontément et en toute sécurité les gens crédules : lorsqu'un malade n'a pas de suite été rendu à la santé par les remèdes que lui aura fait administrer son médecin, les voisins lui conseillent d'avoir recours à un de ces imposteurs. Celui-ci vient, et, pour augumenter la crédulité et du malade et de ses bons conseillers, déclare d'abord que le malade a été touché par un ennemi ; il accompagne de gestes et de grimaces horribles des paroles mystérieuses qu'il profère sourdement ; il fait allumer une lampe qui ne doit cesser de brûler nuit et jour au pied du lit de celui qui doit guérir, et comme il faut qu'il répète ce feu sacré chez lui, il se fait donner une énorme bouteille d'huile qu'il emporte.

Si le malade ne revient pas à la santé, c'est une preuve très-évidente pour tous que celui qui l'a masqué jouit d'un pouvoir plus grand que le démasqueur ; si la cure s'opère (bien entendu par les remèdes antérieurement administrés par le médecin, ou par les effets de la simple nature, et non, par les sortiléges) n'importe ; le démasqueur ne demande rien pour lui, mais, selon les moyens apparents du campagnard, il demande 20 francs, plus ou moins, pour l'esprit ou le génie bienfaisant ou malfaisant qui l'a servi. Si quelque personne se permettait d'élever quelque doute sur la puissance du démasqueur ou des esprits qui l'ont servi, elle passerait elle-même pour le masqueur abominable, ou comme ayant fait pacte avec lui . . . .

Les préjugés, les croyances superstitieuses existent depuis des siècles et paraissent devoir exister longtemps encore, tant est grande la crédulité des peuples ; il est tellement difficile de les détruire dans nos villes et dans nos campagnes, qu'on serait presque tenté de penser qu'une classe privilégiée et égoïste de la société les entretient et les protége même, si cette pensée n'était inadmissible dans un gouvernement si éclairé et si paternel que celui sous lequel nous vivons . . . . . .

Les médecins de l'ancienne école ne veulent point revenir de leur système d'erreur.

— Pourquoi changerions-nous de médecine, lorsque celle que nous pratiquons, depuis plus de vingt ans, nous a donné honneur, fortune, considération, enfin le bonheur de l'homme?

Il est aisé de concevoir que des médecins studieux, mais sans réputation, sans clientèle et sans aucune position avantageuse dans la société, cherchent, par une doctrine nouvelle, à surgir et à sortir du profond oubli dans lequel on les a laissés. C'est bien; mais nous, qui avons fait notre temps et acquis une considération non équivoque, pourquoi irions-nous nous courber sous de nouvelles études? Nous devons maintenant nous reposer et jouir en paix des fruits de nos pénibles travaux; sans alarmes pour l'avenir, nous sommes persuadés que le grand nombre de personnes qui ont confiance en nous ne reviendront pas de si tôt de notre système, pour recourir à votre doctrine homœopathique, qui leur est inconnue; et elles aimeraient mieux mourir, avec nos traitements rationnels, que d'employer ceux de l'homœopathie, qu'elles repoussent, ainsi que toute autre innovation.

Cependant, messieurs les allopathes, nous ne pouvons nous dispenser de vous montrer les progrès qu'a faits la science médicale par la doctrine du célèbre Hahnemann, pour le bien de l'humanité.

Nous ne repoussons pas tout ce qui se fait en médecine en faveur des hommes; au contraire, nous le voyons avec plaisir, et nous en sommes partisans; mais convenez que nous ne pouvons, à notre âge, redevenir élèves et commencer de nouvelles études. Au reste, ne craignez rien, messieurs les homœopathes, nous ne ferons aucune critique de votre doctrine, mais nous ne saurions vous préconiser sans nous faire le plus grand tort. Loin d'approuver vos principes médicaux, nous avons un grand doute sur la bonté de votre médecine, qui rejette la saignée. Nous regardons la saignée comme premier moyen de guérir. N'êtes-vous point coupables lorsque vous la négligez dans un cas d'apoplexie, par exemple? Quant à nous, une expérience de vingt-cinq ans nous a montré, d'une manière certaine, qu'il faut saigner, et même plusieurs fois. Négliger les émissions sanguines dans ce cas, c'est se rendre criminel aux yeux de Dieu et des hommes.

Nous sommes fixés définitivement : l'apoplexie ou hémorragie cérébrale, n'a d'autre traitement que la saignée.

— Chacun, dans un art libéral, peut avoir son système, sa croyance et son opinion. Ses lumières le guident vers ce qui lui paraît le plus favorable ; mais pour vous montrer que la saignée est un moyen dangereux dans une attaque d'apoplexie, nous allons vous citer les propres paroles d'un de vos auteurs, prises dans l'article *Apoplexie*, de M. le professeur Cruveilhier, *Dictionnaire de médecine pratique*, pag. 259.

« J'ai bien vu des attaques d'apoplexie sur la marche funeste desquelles la saignée n'a eu aucune espèce d'influence, et qui se sont renouvelées à de courts intervalles, comme si aucune déplétion sanguine n'avait eu lieu. Il semble même, dans quelques cas, que le mal croissait en proportion de la saignée. »

Nous pourrions donner sur ce fait l'opinion de plusieurs auteurs, mais les bornes que nous nous sommes tracées ne nous permettent point de le faire.

Malgré les preuves que nous venons de donner sur les dangers de la saignée, dans une attaque d'apoplexie, puisqu'on ne peut la pratiquer sans compromettre les jours du malade, puisqu'elle peut produire la mort, ou du moins la paralysie, les allopathes, ayant l'air de se rendre à l'évidence et de partager nos convictions, ne laissent pas de dire tout bas à leurs amis, que cette homœopathie que nous cherchons à accréditer dans le public n'est qu'une utopie impraticable; que nous ne sommes que des imposteurs, des visionnaires ; mais ils disent, tout haut, dans un accès de vanité : Comme vous, nous guérissons les malades, le public bon juge (*en cette matière surtout*) exalte notre expérience et l'excellence de nos lumières médicales. Appelés de toutes parts, nous ne pouvons suffire à tous ceux qui réclament nos soins ; nous sommes obligés, malgré notre charité, d'en refuser plusieurs ; nous faisons chaque jour des mécontents (*c'est croyable*).

On pourrait bien leur dire : Bonne renommée vaut mieux que ceinture dorée.

* L'homœopathie rejette, de sa médecine pratique, tous les agents employés par l'allopathie.

Malades atteints de maladies aiguës, ou réputées incurables, venez à nous. Assez longtemps vous avez été malheureux ! Nous vous offrons les ressources bienfaisantes de l'homœopathie ; venez avec confiance réclamer les avantages de notre doctrine et de nos traitements ; par la propriété de nos infiniment petits, nous vous rendrons ce bien précieux : la santé. Sans la santé, point de bonheur. Si vous n'avez point ruiné votre existence par des quantités considérables de drogues employées allopathiquement à fortes doses, vous êtes sauvés. Dans le cas contraire, nos ressources sont impuissantes.

Soyez sans aucune appréhension, les résultats de nos hautes dynamisations ne peuvent vous faire aucun mal ; au contraire, ils vous seront très-favorables. Nos dynamisations administrées, loin de contrarier la bienfaisante nature, l'aident dans toutes ses fonctions et vous rendront la santé que vous aviez perdue.

Nous ne ferons point usage des moyens incendiaires et perturbateurs de l'ancienne école ; l'homœopathie simple dans ses médicaments, éloigne d'elle la saignée, les sangsues ; désormais votre sang ne sera plus versé en abondance, il est trop précieux à votre existence ; vos lits ne seront plus teints de sang comme les autels des anciens païens. Les sangsues, par leur piqûre, n'exciteront plus votre système nerveux. La médecine homœopathique n'emprunte pas de l'art vétérinaire les sétons, les moxas, les boutons de feu, pour brûler, cautériser vos chairs. Assez longtemps vous avez été mutilés en pure perte. Notre doctrine rejette de sa pratique tous ces moyens douloureux, ainsi que les vomitifs, les purgatifs, et toutes les potions composées qui irritent les membranes muqueuses du canal digestif.

La pudeur ne sera plus alarmée par les lavements qui devenaient nuls par l'habitude. Toutes les fonctions de nos malades s'exécutent sans auxiliaires.

Notre doctrine repousse de même, dans son éminente sagesse, cet immense arsenal de drogues empiriquement inventées pour le malheur des hommes; plus de diètes exténuantes qui ruinent les forces vitales et conduisent à l'épuisement et à la mort; vos maladies intenses, même les plus aiguës, ne seront que de courte durée, et vos convalescences ne seront plus interminables.

Le médecin homœopathe, sûr de l'efficacité de ses traitements, n'aura plus besoin d'employer des paroles d'une consolation incertaine, pour vous rassurer, et pour se rassurer lui-même; il n'aura plus besoin d'examiner le danger des maladies, en cas de suites funestes, ni de se donner l'honneur d'une grande cure dans la réussite.

— Puisque votre médecine est si puissante, disent nos antagonistes, pourquoi ne guérissez-vous point tous les malades que vous êtes appelés à traiter?

— Une doctrine, quelles que soient les lumières, ne pourra triompher de toutes les maladies: la nature, dans son harmonie, ne le veut point; tour à tour elle donne la vie et la retire, non pour le plaisir d'abattre, mais pour celui de créer sans cesse; si elle ne faisait point mourir, rien ne pourrait vivre; si elle ne détruisait point, rien ne pourrait renaître; tout serait dans un éternel repos. Au reste, rien n'est plus fragile que le corps humain: nous ne pouvons nous promettre le lendemain. N'arrive-t-il pas chaque jour dans les grandes villes, comme ailleurs, des morts subites, instantanées? Que de maladies mortelles, sans causes connues, pour lesquelles les traitements les mieux choisis et les mieux administrés ont été impuissants!...

Néanmoins nous plaçons l'homœopathie en première ligne, persuadé que nous sommes de ses grandes ressources, et de sa supériorité, sous tous les rapports, sur la médecine allopathique. Nous sommes aussi fermement assurés qu'aucune personne au monde, qui aura la connaissance de notre doctrine, ne pourra, sans mentir, réfuter nos arguments. Nous n'avons renoncé à la médecine des phlegmasies, système de Broussais, que nous avons exercée pendant vingt-cinq ans, qu'après avoir découvert, par de sérieuses études, qu'elle était remplie d'erreurs et d'incertitude.

Médecins de bonne foi, dégagez-vous des préjugés ; ouvrez les yeux à la lumière ; bénissez, avec nous, celui qui fut assez ami de la vérité, pour éclairer la science ; s'il est difficile de pénétrer les secrets de la nature, il est doux de seconder ceux dont le zèle divin cherche à les découvrir ; ne vous laissez point décourager par la longueur et les difficultés de l'étude ; persévérez dans les connaissances de la doctrine homœopathique, et vous direz un jour, lorsque vous vous serez nourris de ses principes, nous ne sommes véritablement médecins pour guérir, que depuis que nous sommes en harmonie avec les progrès.

Hommes animés de sentiments généreux, élevez-vous avec nous dans les régions lumineuses; laissez l'ignorance dans ses ténèbres ; et, planant sur les vérités immuables de l'homœopathie, vous deviendrez savants dans votre art, n'en doutez pas. Lorsque vous connaîtrez parfaitement les bienfaits de cette doctrine, foulez aux pieds l'amour des richesses ; faites le bien de l'humanité souffrante ; vous serez assez récompensés de vos pénibles travaux par le regard de Dieu, la tranquillité de votre conscience et la bénédiction des générations présentes et futures.

Des émissions sanguines.

Sang. D'après le système de Broussais, pour que l'on puisse guérir, dans toutes les maladies dites inflammatoires, il faut exténuer les malades et affaiblir les forces vitales jusqu'à la dernière extrémité. Nous trouvons surprenant que parmi tant de médecins, aucun ne se soit opposé à cette pratique dangereuse, et qu'ils s'y soient tous soumis sans examen comme sans murmures, si ce n'est Leroy, qui dit, dans sa médecine des humoristes, qu'il est convaincu que toutes les forces de l'homme sont dans le sang, et qu'enlever le sang c'est donner la mort.

Broussais, dans son système, ne voit qu'irritation dans toutes les maladies.

Tandis que les homœopathes disent comme leur maître: *Similia similibus curantur.*

Sangsues. Peut-on voir, sans rougir de honte, des hommes dévoués par état au bonheur du genre humain, ne trouver d'autres moyens, pour rétablir la santé, que de ruiner l'organisme. Nous frémissons en voyant cette pratique : présent à une consultation pour arrêter une hémorragie chronique des vaisseaux capillaires des intestins, nos vîmes des médecins à grande réputation (il est partout des fanatiques) ordonner une application de soixante sangsues à l'anus d'un malade près de s'éteindre... Quel aveuglement, grand Dieu!... Le sang sortait encore des piqûres des sangsues lorsque le malade expira... Il n'y eut aucun regret de la part de ces médecins; le malade mourait selon les formes; aucune saine critique ne pouvait conséquemment attaquer leur traitement ni le résultat de leur consultation.

Saignée. La saignée est une erreur accréditée depuis longtemps chez les peuples et chez les médecins; on veut voir jaillir le sang des veines d'un malade pour triompher d'une irritation souvent imaginaire. La vie ne peut qu'être affaiblie par les émissions sanguines. Cette erreur s'est propagée de siècle en siècle, jusqu'à nos jours; on a fait usage de la saignée jusqu'à la folie; cette pratique, pour guérir, est le seul espoir du médecin routinier. Cette pratique, loin de seconder la nature, la contrarie; elle ruine la source du sang; elle conduit peu à peu le malade à l'amaigrissement, à l'épuisement et à la mort.

Le renouvellement du sang (chair coulante) qui s'opère à chaque instant par la circulation ordinaire, constitue la vie : son épuisement donne la mort.

Agir contre ce principe, c'est devenir meurtrier volontairement.

Vice dans le sang. Ce stimulus (levain morbide) peut faire naître, developper toutes sortes de maladies inflammatoires.

Beaucoup de personnes qui jouissent en apparence d'une parfaite santé, ayant un vice ou un feu ardent dans le sang, ne peuvent supporter la moindre fatigue sans être couverts d'une abondante transpiration. Ces personnes, dont le nombre est considérable, peuvent à chaque instant être atteintes de maladies inflammatoires les plus aiguës, et qui peuvent devenir mortelles par la transition subite de la température. Traiter ces personnes par les saignées et les sangsues, c'est s'adresser à l'effet et nier la cause qui la produit; c'est faire d'une légère indisposition une maladie terrible, aiguë ou chronique, toujours mortelle.

Médecins allopathes, la saignée, les sangsues, qui font toute votre science pour guérir, pourquoi les pratiquez-vous? Pour dégorger un organe, dites-vous? — Mais êtes-vous bien certains que cet organe soit irrité et engorgé? Est-ce bien là l'état de cet organe, et le remède que vous donnez est-il celui qui lui convient? Nous, homœopathes, nous vous disons que vous êtes dans l'erreur. Vous pratiquez à tort la saignée. Vous dites qu'en diminuant la qualité, la quantité, la surabondance du sang, vous obtiendrez la guérison. C'est impossible. Votre système et les mots vagues qui n'ont de valeur que pour vous, et desquels vous vous servez pour désigner, diviser la saignée en locale, générale, révulsive, attractive, de prévention, de plénitude, ne prouve rien. Votre système n'est pas certain et ne nous persuade pas plus que le galimatias des mots et de leurs diversités d'application, dont on peut heureusement se passer; et puis ne peut-on pas se tromper sur l'intention théorique ou pratique, qui provoque la saignée, et sur ses résultats.

Toutes vos saignées générales, locales, etc., etc., sont fausses pour guérir. Nous ne pouvons, en parcourant tous vos ouvrages, savoir au juste quels sont les bons effets qu'a produits la saignée ; nous ne connaissons que le danger de la pratiquer. Opinion d'un de vos auteurs.

M. le professeur Cruveilhier, après avoir répété, dans son *Dictionnaire de médecine pratique*, article Pleurésie, p. 526, avec Baillou et Stoll, que dans certaines pneumonies, surtout dans les pneumonies épidémiques, « les symptômes semblaient exaspérés par les saignées, » et qu'il en avait constaté les funestes effets, ajoute : « La pleurésie est certainement une des maladies sur lesquelles le traitement antiphlogistique a le plus de prise ; et cependant je n'ai jamais vu celui-ci, à quelque degré d'énergie qu'il eût été porté, juguler la fièvre, qui dure de cinq à neuf jours ; combien de fois, au contraire, ne voit-on pas la fièvre reparaître plus intense que jamais à la suite d'une syncope de longue durée, produite par une saignée abondante? »

M. le professeur Chomel dit dans son *Traité des fièvres*, page 67 : « Souvent, après cinq ou six saignées, les symptômes de la fièvre inflammatoire persistent encore pendant sept ou huit jours, ou même plus, avant de céder. » Ce médecin, à propos d'un sujet atteint de pneumonie qui, à la suite de quatre saignées du bras, d'une application de ventouses et d'une autre de sangsues (faites dans l'espace de trois jours), offrait néanmoins une recrudescence des symptômes généraux, avec extension de l'inflammation à des parties du poumon jusque-là saines, a professé à sa leçon clinique du 9 janvier 1840 que « les faits de ce genre sont fréquents, et que l'on voit bien des pneumonies et d'autres inflammations se développer et s'étendre de proche en proche, malgré le traitement antiphlogistique, semblables sous ce rapport aux érésipèles, dont la marche n'est influencée, le plus souvent, par aucun des moyens qu'on leur oppose. » Il a tenu, à sa leçon du 15 décembre dernier, le même langage au sujet de l'érésipèle.

Une foule d'auteurs font un semblable aveu. Pour nous, homœopathes, nous vous dirons, ainsi que le disait notre maître Samuel Hahnemann, malgré la logique des chefs de l'école de Paris, que « les maladies étant toutes d'origine dynamique, et reconnaissant pour causes un trouble dans la force vitale, s'attacher à la masse du sang, dans le cas même où l'on démontrerait qu'elle était devenue absolument ou relativement en excès, c'était s'adresser à l'effet et non à la cause, et que, en dépit des émissions sanguines, celle-ci continuerait d'agir jusqu'à ce qu'elle se fût épuisée d'elle-même ou qu'elle eût entraîné une terminaison fatale. Ce n'était donc pas par les prétendus antiphlogistiques, qui n'atteignaient point la cause de la maladie, mais par des agents directs et spécifiques, qu'il fallait la combattre. Or, ces agents directs ne pouvant guérir qu'à la condition de provoquer une réaction salutaire de la force vitale, tout ce qui tendait à épuiser cette force se trouvait diamétralement opposé à la guérison. Il ajoutait que dans les cas les plus heureux, lorsqu'on avait triomphé, à l'aide des émissions sanguines, d'une maladie aiguë, on laissait ensuite l'organisme dans un état d'épuisement qui l'exposait à des récidives plus graves que la première atteinte, et qui favorisait surtout le développement soit de maladies chroniques dont le principe était demeuré latent jusque-là, soit même d'inflammations aiguës subordonnées à ce même principe. »

Médecins systématiques, faisant le mal en croyant faire le bien, pensez-vous que le sang (chair coulante), source de vie, soit intarissable? Dans la maladie, la fièvre le dévore; la diète le domine, les saignées l'épuisent. Revenez de cette erreur; avouez que vous avez mal fait sans le vouloir; que vos intentions étaient bonnes, mais vos lumières peu étendues. Le système de Broussais, la théorie de Brown, les idées de Bichat, n'ont fait que vous égarer pour le traitement des maladies; elles ne sont pas toutes inflammatoires, bien que ces médecins voient de l'irritation partout. La propriété des médicaments fait partie de la matière médicale. Ces médicaments sont préférables aux sangsues, aux saignées, qui ne sont que des moyens d'affaiblissement, qui ne procurent jamais la santé, mais qui conduisent, peu après, à la mort.

Nous, homœopathes, nous sommes convaincus de la vertu et de la réaction de nos substances, qui peuvent guérir sans l'auxiliaire de vos saignées et de vos sangsues. Chers confrères, étudiez notre doctrine, qui est la seule véritable, faites-vous forts sur les semblables, et vous réussirez toujours ; nos médications, sagement dirigées, dépasseront vos espérances, et vous deviendrez, avec connaissance de cause, les partisans enthousiastes des vérités de l'homœopathie. Vous direz alors : jusqu'à ce jour nous avons trompé le public qui nous avait confié ses malades, et nous nous sommes trompés nous-mêmes ; mais, pour devenir bon homœopathe, n'oubliez pas qu'il vous faut consacrer de nombreuses années à l'étude. Que cela ne vous épouvante pas......

Suites funestes de la saignée, de l'application des sangsues et de la négligence à faire cesser l'écoulement de sang produit par les piqûres des sangsues.

Nous avons vu des personnes qui sont mortes subitement après avoir été saignées.

Un étudiant en médecine, à Paris, ayant une jeune fille pour maîtresse, lui pratiqua une forte saignée, afin d'obtenir le fer convenable, extrait du sang, pour en faire une médaille. A peine la plaie fut-elle bandée que la jeune fille expira.

L'application des sangsues fait naître souvent des ulcères gangréneux qui donnent la mort, les piqûres de ce ver aquatique (la sangsue) étant malignes ; elles peuvent aussi occasionner des hémorragies qu'on ne peut arrêter.

La négligence à faire cesser l'écoulement de sang produit par les piqûres des sangsues, peut avoir de terribles conséquences.

Avant la connaissance de l'homœopathie, nous fîmes appliquer, vers dix heures du soir, huit sangsues à un enfant âgé de six ans, pour cause d'une douleur fixée sur le côté gauche du thorax ; et nous recommandâmes à ses parents de ne point laisser couler le sang trop longtemps sortant des piqûres. Ils ne tinrent aucun compte de notre recommandation, et se couchèrent, sans doute, sans nulle appréhension. A notre visite du lendemain, nous trouvâmes cet enfant noyé dans son sang et presque mort : pouls presque nul, yeux éteints, paroles expirant sur les lèvres, peau glacée, face livide, cet enfant ressemblait à un être qui ne vit plus que par l'énergie musculaire. Nous arrivâmes à temps pour le sauver. Nous lui fîmes de suite placer du vinaigre sous les narines ; une potion cordiale lui fut donnée avec du bouillon gras. En quelques heures il fut rendu à la vie.

Tristes conséquences des vomitifs, des purgatifs et des exutoires.

En allopathie, le seul but que se propose le médecin pour guérir un malade, est l'évacuation du canal intestinal des excréments accumulés ou des nombreuses saburres qui l'engouent. Cette purgation ne peut s'opérer qu'avec des médicaments stimulant ou excitant les membranes muqueuses du canal digestif. Cette stimulation, ou excitation, porte le trouble dans tout l'organisme et peut devenir dangereuse en augmentant ou en développant la phlogose (l'inflammation). Par la médecine débilitante, on détruit les forces vitales et on anéantit les fonctions du canal digestif. Dès lors aucune évacuation naturelle ne peut avoir lieu qu'à l'aide des purgatifs. Nous ne voulons faire aucune critique sur ce sujet ; nous dirons seulement : Pauvre médecine !... pauvres malades !......

Un homme âgé de trente-six ans fut saisi tout à coup d'un grand froid, avec douleurs lombaires et fièvre ; un médecin allopathe lui fit administrer une infusion de fleurs de violettes et de coquelicots (pavots rouges), ce qui établit une grande transpiration sur toutes les parties de son corps ; la fièvre, les douleurs disparurent. Le quatrième jour après qu'il eut pris ces remèdes, se trouvant très-bien, il pensait à reprendre ses occupations ordinaires, lorsque son médecin voulut forcément le purger. Le purgatif administré le fit beaucoup évacuer, mais il se développa chez lui une dysurie ou rétention d'urine presque complète (incomplète) avec douleur dans le canal de l'urètre, quand il voulait uriner quelques gouttes ; ce médecin, pour obvier à cet inconvénient, et sans avoir égard à l'inflammation, introduisit avec peine une sonde en argent dans le canal, pour vaincre l'obstruction ; il ne put réussir. Le malade, en proie à des souffrances terribles, mourut trois jours après.

Les purgatifs sont toujours dangereux ou funestes; aussi les homœopathes les banissent-ils de leurs médications.

En homœopathie, on guérit les malades atteints de constipations opiniâtres, d'entérite, d'irritations intestinales, d'ischurie ou rétention d'urine complète, de gravelle ou de calculs rénaux, sans aucune espèce de sondes, de purgatifs, de saignées, de sangsues, de bains et de seringues, et tous autres moyens dont les allopathes se servent pour faciliter l'évacuation.

En 1808, lorsque nous étions élève en médecine à l'hôpital de la marine à Toulon, nous avons vu donner l'émétique (tartrate de potasse antimonié) aux malades avec grande quantité d'eau tiède pour faciliter le vomissement. Il s'ensuivait souvent de terribles indigestions d'eau, ainsi que des crachements de sang et des convulsions nerveuses causés par les efforts du vomissement.

Dans ce temps les vomitifs étaient les seules ressources médicales employées au début des maladies, bien que ce traitement pût rendre terribles les plus faibles indispositions.

Les purgatifs, les vomitifs, les vésicatoires, les sinapismes et quelques potions étaient tous les moyens pour traiter, et toujours... jusqu'à la mort, qui ne se faisait pas longtemps attendre.

Il y avait cependant dans ce temps, comme aujourd'hui, des médecins à grandes réputations. (Cette épithète serait-elle illusoire?)

Aujourd'hui, les vomitifs ne sont plus de mode; le système de Broussais les a tués, et les allopathes ne les emploient plus qu'empiriquement dans les attaques d'apoplexie dites séreuses; nous pensons qu'ils feraient beaucoup mieux de les bannir de leur pratique; car ces moyens perturbateurs de l'organisme, par les efforts qu'ils provoquent, portent le sang au cerveau et produisent, d'après le système de Rasori et de Brown, un stimulus général.

La médecine dite rationnelle ne peut sortir des idées étroites et des combinaisons palliatives que nous avons déjà signlées : les vésicatoires mis en usage comme dérivatifs, et accessoires dans les traitements de maladies, pour porter un point d'irritation sur la peau, siége de l'exutoire, ne peuvent néanmoins, à eux seuls, triompher de l'affection.

Dans les ophthalmies scrophuleuses ils portent l'inflammation des yeux, sur le lieu où ils sont appliqués; mais ils n'obtiennent pas, ainsi que nous l'avons dit, la guérison de cette maladie dont le siége est dans le sang vicié.

Dans les affections des enfants (méningite chronique), cette médecine est encore en défaut : les plus zélés partisans des phlegmasies, ne voient que des humeurs à combattre, deviennent humoristes, purgent et appliquent des vésicatoires jusqu'à ce que cette maladie, parcourant ses périodes, arrive à l'état aigu ; alors ils ont recours aux sangsues qui ruinent les forces vitales ; et, voyant que les antiphlogistiques sont encore impuissants, ils retournent à leurs fausses idées des humeurs : ils appliquent sur le cuir chevelu un grand vésicatoire qui ne guérit pas non plus cette maladie.

Ces zélés partisans ne peuvent se rendre compte de rien, et ils sont toujours incertains sur les cas où ils doivent employer leurs divers médicaments.

Malgré ces inconséquences, le hasard a pu faire réussir le médecin qui, suivant les progrès d'une maladie aiguë et après avoir épuisé les forces vitales, a fait appliquer plusieurs grands vésicatoires : ceux-ci par leur force de réaction, agissant homœopathiquement et ramenant l'équilibre, ont pu conserver la vie prête à s'éteindre; mais il est toujours chanceux d'attendre que le malade soit épuisé pour se servir d'un moyen dont l'effet homœopathique (la réaction) était inconnu à ce médecin et à beaucoup d'autres.

Les sinapismes, inadmissibles en homœopathie, ne sont pas contestables comme dérivatifs dans certaines indispositions légères, telle qu'une douleur fixée sur une des parois du thorax ; la médecine allopathique, qui a bien peu de ressources, surtout lorsqu'il s'agit de ranimer l'organisme presque éteint, peut les employer; quant à l'homœopathie, elle ne peut s'en

Des connaissances superficielles de la matière médicale en médecine allopathique.

En médecine dite rationnelle, deux méthodes sont suivies par les médecins pour le traitement des maladies aiguës ou chroniques : l'empirisme et le rationalisme.

L'empirisme appuyé sur des faits, des expériences, pour le moins équivoques, met de côté tout système théorique, les observations recueillies contre une affection donnée.

Le rationalisme se sert de toutes les notions fournies par l'observation sur les lésions anatomiques des organes réelles ou supposées, et se sert aussi des causes et symptômes des maladies pour en déduire une série de raisonnements propres à fixer le choix du traitement qui leur est applicable (système de Broussais). Nous allons chercher dans les médicaments de ces deux méthodes la propriété vraie ou fausse de chaque substance, tantôt mise en usage et tantôt abandonnée, suivant la mode.

En médecine allopathique, il est impossible de connaître, d'apprécier la vertu des substances médicinales, puisqu'elles ne sont pas données seules, mais mélangées et à fortes doses ; jamais aucun médicament n'a été donné simple que pour les tisanes. Le mélange des substances dont les unes neutralisent les effets des autres ou qui en sont les antidotes, ne peut qu'en rendre l'étude impossible. Ainsi on n'a jamais pu se rendre compte de la propriété particulière, ni des rapprochements des diverses drogues, ni les comparer entre elles. Erreur, très-grande erreur qui n'a jamais été connue en allopathie.

Il faut, pour se rendre compte de la propriété d'une substance quelconque, l'appliquer seule, et plusieurs fois sur des hommes sains, et lui donner le temps d'agir. Ensuite on verra dans quel cas on pourra s'en servir sur les malades.

En médecine rationnelle, le malade est soumis, dans la même journée, à trois médicaments différents : le petit lait le matin, potion composée à midi, et pilules d'opium le soir.

Comment peut-on juger l'effet particulier de ces substances administrées successivement.

Néanmoins ce mode de traitement est en usage depuis longtemps ; pour une légère indisposition il a été donné jusqu'à soixante loochs et en très-peu de temps ; pour une maladie chronique et mortelle même, il a été administré des médicaments en très-grande quantité, pour enrichir les pharmaciens, ruiner les familles sans augmenter d'un seul jour la vie du malade, mais, au contraire, en l'abrégeant.

Nous avons étudié, parcouru plusieurs ouvrages de matière médicale, écrits par divers auteurs et à différentes époques ; ils ont tous le même raisonnement, depuis la matière médicale de la médecine complète jusqu'à celle d'Alibert, etc., qui donne ou accorde les mêmes propriétés à chaque substance en particulier. Il y a apparence qu'ils se sont copiés fidèlement de siècle en siècle, sans avoir rien fait pour la science, soit en découvertes, soit en connaissances positives des substances et des maladies dans lesquelles elles doivent être employées ou appliquées.

Une chose singulière et dont l'effet est très-nuisible à l'art de traiter les maladies, c'est le sens dans lequel sont rédigées les matières médicales en allopathie : les détails de botanique, de physique, de chimie, etc., sont très-utiles, sans doute, pour rendre un médecin savant, mais ces détails sont tout à fait étrangers aux connaissances des vertus de chaque substance en particulier, qui lui sont si nécessaires. Les matières médicales sont traitées d'une manière si vague, si succincte, si incomplète, que l'on dirait que le traitement des maladies n'est qu'un objet purement accessoire : on se contente de nommer seulement les affections où les médicaments peuvent être employés (mais sans oublier à fortes doses et selon la formule) ; ces notions sont insuffisantes au médecin consciencieux qui ne peut se permettre de faire usage de ces médicaments sans une espèce de crainte, leur emploi n'étant point parfaitement déterminé.

Aperçu de la matière médicale de l'ancienne école (sur un seul médicament).

Douce-amère (*solanum dulcamara*), faisant partie de la pentandrie monogynie et de la famille des solanées. Ce genre renferme un grand nombre d'espèces intéressantes, comme : 1° l'aubergine ou melongène (*solanum melongena*, Linn.), plante qui croît naturellement en Asie, en Afrique et en Amérique, et qui offre plusieurs variétés ; ses fruits blancs et ovalaires ressemblent à des œufs, ou bien ils sont allongés, recourbés, violets, jaunes et rougeâtres : dans tous les cas, on les mange comme un mets recherché dans les colonies et dans l'Europe méridionale ; 2° l'amomum des jardiniers (*solanum pseudocapsicum*), petit arbuste originaire de Madère, et que l'on cultive pour l'ornement de nos appartements en hiver ; il a des fruits rouges, semblables à des cerises ; 3° la morelle de montagne (*solanum montanum*), plante herbacée des montagnes du Pérou, et dont les racines tuberculeuses sont très-recherchées des Indiens, qui les mangent dans les soupes et dans tous les ragoûts ; 4° la douce-amère (*solanum dulcamara*), très-usitée comme anti-herpétique, et administrée avec succès en décoction, en sirop, en extrait, dans les rhumatismes chroniques, la jaunisse, les scrofules, la syphilis invétérée, etc. ; 5° la morelle noire (*solanum nigrum*), employée surtout à l'extérieur comme calmant et quelquefois à l'intérieur, comme narcotique ; ainsi que la douce-amère, elle est indigène, et croît partout dans nos campagnes et dans nos haies ; 6° la morelle triangulaire (*solanum triangulare*, Lamk.), dont on mange les feuilles au Malabar ; 7° la morelle paniculée (*solanum paniculatum*), dont le suc est employé au Brésil pour panser les ulcères ; 8° la morelle coagulante (*solanum coagulans*), dont les baies servent en Egypte et en Arabie à coaguler le lait ; 9° la tomate ou pomme d'amour (*solanum lycopersicum*), originaire de l'Amérique méridionale, et donnant des gros fruits d'un rouge vif, très-employés pour les sauces et les ragoûts ; on la cultive en France dans beaucoup de provinces ; 10° la pomme de terre (*solanum tubero sum*), originaire du Pérou, et dont les racines tubéreuses, féculentes, d'une saveur agréable, d'un emploi facile et sain comme aliment, sont connues de tout le monde. Cette plante est certainement une des plus utiles de celles qui existent, aussi la cultive-t-on généralement dans toute l'Europe.

Voilà de quelle manière on traite de ce médicament (la douce-amère) et de tous les autres. Cette manière d'entrer dans des détails et des classifications étrangers à l'art de guérir, et celle de ne déterminer que vaguement, incomplétement l'emploi des médicaments, prouvent très-évidemment combien les connaissances, en matière médicale, sont superficielles en allopathie, et combien elles sont insuffisantes pour la vraie science de la médecine.

Matière médicale homœopathique expérimentée sur des milliers d'individus à l'état sain, et ensuite sur une quantité considérable de malades.

Douce-amère. — « La douce-amère (*dulcamara*). Cette plante dont la propriété est diurétique et sudorifique, administrée homœopathiquement dans les semblables, a obtenu des résultats merveilleux, en y joignant d'autres substances, données avant ou après elle. On l'emploie aussi contre la sécheresse de la peau : miliaires, urticaires avec fièvre, dartres de différentes espèces, telles que dartres humides croûteuses, pâles, suintantes après les avoir grattées; dartres rougeâtres avec auréole rouge, saignant après les avoir grattées ; dartres à bord rouge avec sensibilité, douloureuses au contact et à l'eau froide; petites dartres rondes, saignant après les avoir grattées; dartres sèches, furfuracées, croûtes dartreuses sur tout le corps, éruptions dartreuses avec gonflement des glandes, dartres dans les articulations, éruptions de pustules pruriantes qui passent à la suppuration et se recouvrent d'une croûte, surtout aux membres inférieurs et à la partie postérieure du corps. »

Clinique. — « En se laissant guider par l'ensemble des symptômes, on verra le cas où l'on pourra consulter ce médicament contre la souffrance causée par l'abus du mercure, les affections, suite d'un refroidissement (à l'air comme dans l'eau), affections des membranes muqueuses, scrofules avec induration des glandes, tumeurs froides, affections hydropiques, paralysie, affections à la suite des morbilles, dartres de différentes espèces, telles que celles causées par l'abus du soufre, pemphigus, chez les enfants, ramollissement des os, fièvre avec affection des membranes muqueuses, ophthalmies scrofuleuses, amblyopie amaurotique, glossalgie, angines, surtout l'angine catarrhale (après l'usage du mercure), affections scorbutiques des gencives, dyssenterie par refroidissement, diarrhée muqueuse, asthme pituiteux, pneumonie chronique, hydro-thorax, catarrhe de la vessie, rétrécissement de l'urètre, bubon scrofuleux, dartres aux parties génitales, catarrhe invétéré avec enrouement, coqueluche, phthisie muqueuse, phthisie florissante, etc., etc. (Voir les symptômes généraux et le traitement des maladies chacune en particulier.) »

Il y aurait de l'inconséquence à croire que cette seule substance (dulcamara) put guérir, sans autres agents, toutes les maladies que nous venons de citer; une telle propriété dans cette seule plante serait incroyable, si elle n'était employée avec d'autres qui, chacune à leur tour, peuvent rendre la santé et annuler la maladie.

Mais administrée comme elle l'est, en allopathie, elle ne peut produire rien ou peu de chose.

L'homœopathie, conséquente dans ses travaux, sait apprécier la vertu de ses substances, reconnues par la plus minutieuse des expériences. Puissante par ses ressources, elle peut se suffire et possède tous les médicaments nécessaires pour combattre avec avantage toutes les maladies. Plus de quatre cents substances forment ses richesses pharmaceutiques.

De nos jours, l'étude des médicaments est tout à fait négligée. En allopathie, on croit bien moins encore à l'influence des remèdes pour guérir. Si cette négligence continue, aucune question de matière médicale, donnée pour l'examen par les facultés, ne sera plus discutée ; ce moyen si nécessaire d'étendre la branche de la science médicale, qui forme, à elle seule, toute l'étude de la médecine pratique, n'existera plus : c'est vainement que l'esprit de mode et de système cherchera à le remplacer par les impuissants antiphlogistiques.

La connaissance des vertus des remèdes est et sera toujours la science par excellence pour guérir, et la base essentielle de toute médecine pratique.

Les allopathes ne sont pas plus heureux dans la grande classification des médicaments qui portent les noms des maladies où ils doivent être employés, que dans le manque de croyance à la discussion et à l'étude des matières médicales ; aussi voyons-nous que les anti-cancéreux, les anti-dartreux, les anti-épileptiques, les anti-herpétiques, les anti-psoriques, les anti-scrofuleux, et tous ces autres *anti* dont ils se servent, et qui devaient infailliblement guérir toutes les maladies où ils sont mis en usage, n'ont jamais pu guérir personne.

Jetons maintenant un coup d'œil sur la pharmacologie ou formulaires composés des allopathes, recueil de formules aussi anciennes que la médecine, dont les premières ordonnances furent copiées de dessus les murailles des temples égyptiens. Les allopathes sont-ils plus certains pour guérir par l'application de ces médicaments empiriques ? Le hasard a pu les favoriser quelquefois ; ignorant la cause qui les a fait réussir, le doute n'en existe pas moins sur leurs cures.

Toutes ces drogues, mêlées dans une potion, dans un sirop, dans des pilules, quelles propriétés peuvent-elles avoir ainsi confondues ? N'est-il point à craindre, ainsi que nous l'avons dit, que l'une d'elles ne soit l'antidote des autres ?... inconséquence déjà signalée, qui ne laisse à l'allopathe aucun moyen de se rendre compte de quelque chose. L'administration mal dirigée et les fausses combinaisons des remèdes entravent l'action de la bienfaisante nature et augmentent la gravité des maladies qu'elles conduisent peu à peu à l'état chronique.

Sirop dépuratif de M. Mojault, médecin allopathe. — Sirop anti-scrofuleux-herpétique-psorique.

Racine de saponaire.	4 onces.
Baies de genièvre.	2 —
Racine de câprier.	2 —
— d'esquine.	2 —
— de pied de veau. . .	1 —
Feuilles d'arnica.	4 —
Feuilles de manïantes. . . .	4 —
— de fumeterre. . . .	4 —
— de sureau.	2 —
Bois de gaïac.	2 —
— de sassafras.	2 —
Vin rouge.	12 pintes.

Faites bouillir et ajoutez cassonnade blanche 15 livres.

Quand le sirop est fait, on ajoute par pinte un demi-gros d'alcali-volatil.

On le donne à la dose de deux gros à une once et demie dans les maladies scrofuleuses, herpétiques, psoriques et syphilitiques.

Ce sirop, très-composé, a-t-il guéri beaucoup de malades atteints de l'une des quatre maladies citées? nous voulons le voir pour le croire; jusque-là il nous est permis de douter.

Nous nous élevons contre cette quantité de médicaments employés à hautes doses en allopathie.

Quel abus de la vie!... Les peuples ne veulent point en revenir, habitués qu'ils sont depuis si longtemps à être médicamentés, écrasés. Toute personne *droguée* deviendra infailliblement *drogue*, c'est-à-dire qu'elle n'aura plus qu'une santé très-faible et languissante, une existence maladive. Nous avons vu donner à un malade, dans une affection de longue durée, des quantités énormes de médicaments. Un autre malade, atteint d'hépatite, à laquelle il succomba, avait pris jusqu'à douze litres de vin de quinquina, avec d'autres médicaments; d'autres ont pris, à doses rapprochées, plusieurs onces de sulfate de quinine. Nous avons vu administrer l'arsenic par les allopathes, à la dose d'un grain par jour, et pendant quelque temps ; l'opium se donne comme en Chine, jusqu'à satiété; l'acétate de morphine est d'un très-grand usage, ainsi que beaucoup d'autres substances vénéneuses, telles que le colchique en extrait, qui se donne à la dose d'une cuillerée.

Et puis les allopathes nous diront que nos agents homœopathiques sont des poisons, comme si les substances exprimées ci-dessus n'en étaient pas.

Nous pensons que nous employons les mêmes agents qu'eux. mais au lieu de les administrer systématiquement, ainsi qu'ils le font, à de très-fortes doses et mélangés avec d'autres, nous ne donnons à nos malades qu'une seule substance à la fois; à la 30e dilution pour les affections chroniques, et à la 200e dilution ou 300e dilution et même plus pour les maladies aiguës. Il est reconnu que plus la dilution d'une substance est élevée, plus sa propriété est active.

La médecine des infiniment petits n'a que le défaut de demander au moins dix années d'une étude très-approfondie; c'est un crime envers l'allopathie qui voudrait l'anéantir et qu'elle ne lui pardonnera jamais.

Aussi si l'on pouvait mettre en parallèle les deux médecines en matière médicale, ou qu'elles fussent égales en cures, en procédés avantageux, en ressources médicamenteuses, ce qui est impossible, l'homœopathie devrait encore avoir la préférence, en ce qu'elle n'offre aucun danger dans son application, qu'elle est assurée de la propriété de ses médicaments, dans ses infiniment petits, et qu'elle est très-économique. Il n'en est pas de même en allopathie; or donc, la médecine de la nouvelle école est infiniment supérieure à la médecine dite rationnelle.

Des infiniment petits.

Nos gouttes, nos globules administrées homœopathiquement.

ne peuvent être préjudiciables aux malades ; nos [illegible] petits, donnés à la 30e dilution, n'en sont point capables. Messieurs les allopathes cherchent à persuader partout que nos globules, nos gouttes ne peuvent faire ni bien ni mal, et qu'elles sont ainsi sans propriétés ; pour en juger, qu'ils nous accompagnent chez nos malades, si cela ne les humilie pas trop, ils verront si nous sommes embarrassés pour leur administrer les remèdes nécessaires, et si c'est par des paroles ou avec des maléfices que nous faisons des cures : si nos infiniment petits, donnés aux malades, ne faisaient ni bien ni mal, comment les guériraient-ils ? Ils sont bien préférables à vos émissions sanguines, qui, non-seulement ne guérissent pas, mais qui augmentent la gravité de la maladie.

Nos infiniment petits, ne faisant ni bien ni mal, peuvent, à ce que vous dites, conduire le malade, par une fausse sécurité, à une position funeste ; mais s'ils ne font ni mal ni bien, comment peuvent-ils avoir un tel résultat?... Quelle logique que la vôtre !...

Si vous étiez aussi de bonne foi que nous, si vous étiez aussi amis de la vérité que nous le sommes, vous ne parleriez pas ainsi. Nos malades obtiennent toujours, par la propriété de nos infiniment petits, la santé que nous leur avons promise.

— Pour nous rendre sans arrière-pensée à votre doctrine (disent les incrédules par intérêt), veuillez nous expliquer quelque chose que nous ne pouvons point comprendre : vos gouttes, vos globules, dans les semblables, parfaitement administrées, rendent la santé ; mais celles mal choisies, mal appliquées à l'état du malade doivent nécessairement augmenter l'affection, puisqu'elles n'ont été adoptées par vous que comme provoquant des symptômes sur l'homme sain.

— Il est possible que dans une fausse application, un médicament n'étant point dirigé à la maladie, un malade en ressente une douleur, mais ce ne sera jamais qu'une douleur éphémère et peu sensible ; tandis que ce médicament, choisi homœopathiquement et parfaitement indiqué, augmentant les symptômes pour ensuite les annuler, rendra ce malade à la santé. Nos substances, bien administrées et bien choisies, agissent dans le sens de la maladie, et leur action tout entière s'exerce sur les parties malades ; mal administrées ou mal choisies, elles ne peuvent être que nulles.

Nos teintures-mères, administrées à hautes ou basses dynamisations, données homœopathiquement dans les affections aiguës ou chroniques, n'ont point encore été définitivement fixées dans la pratique, quoique nous ayons reconnu que plus elles sont diluées, plus elles sont puissantes dans leurs effets. Nous les donnons à nos malades, pour les maladies aiguës, dans un demi-verre d'eau, prises par cuillerées, à la distance de deux à trois heures d'intervalle, tous les deux à trois jours, portées à la 200e dynamisation ; tandis que dans les affections chroniques, nous ne les donnons qu'à la 30e dilution, prises en une seule fois, à huit, dix, douze jours de distance l'une de l'autre, surtout lorsqu'il s'agit d'annuler un vice de psore ou tout autre. Ce mode de traitement nous paraît, par expérience, d'une infaillible puissance pour guérir.

Les infiniment petits existent dans tous les règnes de la nature ; ils donnent une force active aux propriétés des plantes potagères, salutaires, vénéneuses, ainsi qu'à tous les médicaments.

Que des hommes habitués aux erreurs de l'ancienne médecine et aux fortes doses ne puissent concevoir l'action de nos médicaments, et qu'ils prennent la propriété réelle de nos gouttes, de nos globules pour une fable, ou comme une proposition sans raison ni sens, c'est à quoi l'on peut s'attendre; mais que des docteurs, des savants, des vaccinateurs, même, ne puissent se rendre compte de nos infiniment petits, c'est impardonnable.

Médecins égarés, sortez de votre sommeil léthargique, ouvrez les yeux à la lumière, apprenez que la nature puissante est extraordinaire dans les infiniment petits qui font la base de notre doctrine : dans les ouvrages admirables du Créateur, la préférence est donnée à la presque imperceptibilité. Le mite, le moucheron, le puceron et tant d'autres insectes imperceptibles renferment, dans leur petitesse, tous les organes nécessaires à leur existence ; ils en sont pourvus, aussi bien que les plus énormes animaux. Dans la merveilleuse reproduction de tous les êtres, il ne faut pas une grande quantité de semence, une seule goutte suffit, et cette goutte est remplie d'animalcules. Une goutte d'eau contient des milliers d'insectes qui nagent dans ce liquide ; dans l'air que nous respirons, que de molécules organiques donnent et entretiennent la vie : dans les plantes potagères et autres, dans les feuilles que nous mangeons, que d'insectes imperceptibles. Dans toute la création, dans l'harmonie de la nature, nous ne trouvons que les infiniment petits ; dans les eaux stagnantes, dans la mer, quelle reproduction étonnante, prodigieuse ; quelle multiplication successive, immense ; que d'œufs dans un seul petit poisson ; que de mollusques ; que d'êtres vertébrés et invertébrés.

Le polype de mer, pour ne point sortir de sa demeure pendant les mauvais temps, mange ses membres, et il en est encore pourvu dans la belle saison.

Le polype d'eau douce possède un principe de vitalité qui étonne l'observateur (plante-animal) : coupé en très-petits morceaux, chaque morceau, jeté dans son élément, devient un individu. Combien de phénomènes qui ne peuvent être visibles à l'œil de l'homme. Le Créateur, dans les infiniment petits, a divisé l'univers en deux royaumes, l'un visible et l'autre invisible.

Dans les arbres, les arbrisseaux, les plantes, plus les semences sont petites, plus elles sont nombreuses ; nous n'oublierons pas celles qui sont élevées dans l'air et portées par les vents dans des régions lointaines. Le necotiana (*tabacum*) donne dans un petit sujet jusqu'à quatre mille graines ; le mouron, très-petite plante qui croît dans les fentes des murailles, produit une grande quantité de graines qui servent à nourrir les oiseaux. L'imperceptible poussière fécondante, le pollen des fleurs, développe les fruits. Les champignons qui couvrent la terre sont en si grand nombre et en si grande quantité d'espèces, que l'œil ne peut les apercevoir.

Le gland du chêne, muni d'un si petit germe, doit donner naissance à l'arbre géant de nos forêts.

La nature, incomparable dans ses productions, emploie partout les infiniment petits. Rendez-vous donc, médecins égarés, aux vérités immuables de la nature ; étudiez ses chefs-d'œuvre infinis, et ne doutez plus : le célèbre Hahnemann n'a fait naître la doctrine homœopathique qu'en approfondissant les secrets de la nature.

Les odeurs, les miasmes, les vapeurs peuvent avoir une influence particulière : infiniment petits, appartenant au royaume invisible, leur activité n'est pas moindre que celle des autres.

La vapeur du charbon, celle de certains vernis, les eaux inflammables et croupissantes de quelques rivières d'Amérique, peuvent ôter la vie dans un instant. La vapeur des urines des animaux, celle des végétaux en putréfaction, peuvent donner la mort.

Des femmes au système nerveux et délicat sont incommodées par l'odeur du musc, de l'ambre, de la vanille; d'autres sont malades par la seule émanation de divers odeurs moins fortes, moins pénétrantes. Il en est qui ne peuvent supporter non-seulement l'odeur des jacintes, des tubéreuses, mais encore le parfum suave des roses : de jeunes personnes s'étant endormies, ayant un bouquet de violettes à leur corset, ont été asphyxiées par l'odeur de ces fleurs; d'autres, ayant couché dans une chambre dont des roses ornaient et parfumaient l'intérieur, ont été trouvées mortes le lendemain.

Il y a des plantes dont les fleurs inodores peuvent être très-dangereuses par le rapprochement. « Verdit cite dans un de ses ouvrages un fait rapporté par Tissot : Une troupe de jeunes filles, montées sur le pic du mont Jura, où croissent des plantes d'aconit-napel, firent des bouquets de ces fleurs et les placèrent, en toute sécurité, à leurs corsets : à l'instant, se sentant faibles, chancelantes, elles furent obligées de s'asseoir ; bientôt elles furent saisies de maux de cœur, de défaillance, et auraient infailliblement succombé, si un cultivateur de la contrée qui passait par là, fort heureusement pour elles, et qui reconnut la cause de leur mal, ne se fut hâté de leur porter secours, en leur enlevant leurs bouquets et en faisant boire à chacune quelques gouttes de vin, boisson qui est l'antidote de l'aconit-napel. »

Un bataillon, du temps de l'empire, reçut ordre de prendre position sur un monticule, où les soldats trouvèrent une plante qui leur était inconnue, et portant des petits fruits rouges et sucrés ; tous en mangèrent peu, mais ce peu fut suffisant pour leur donner la mort. Les trois quarts des hommes composant le bataillon, restèrent sur place morts empoisonnés; quelques-uns seulement agonisants et portés à temps à l'ambulance voisine, furent rappelés à la vie comme par miracle.

Il y a aussi des arbres très-vénéneux dont les fruits, la vapeur, l'attouchement peuvent donner la mort : tel est le mancenillier, arbre d'Amérique. Les Indiens empoisonnent leurs flèches avec le suc qui découle de son écorce. Il peut même donner la mort à ceux qui dorment ou se promènent seulement sous son feuillage. Un homme qui se toucha l'anus avec une de ses feuilles fut atteint, au même instant, d'une inflammation aux intestins qui dégénéra en gangrène et dont il mourut. Si l'on mange ses fruits, on ne tarde pas à succomber au milieu des plus affreuses douleurs.

La vapeur de l'eau de mer corrompue est semblable au plus violent poison. Un matelot tomba roide mort en débouchant un tonneau d'eau de mer, au désarmement d'un navire.

Tandis que la médecine systématique de l'ancienne école se refuse encore à reconnaître l'efficacité de nos infiniment petits pour faire le bien, nous voyons malheureusement dans l'histoire, que des scélérats, depuis longtemps, mettaient a profit les ressources de nos dilutions pour faire le mal, dans la composition de leurs poisons subtils. Il est vrai que nous connaissons aujourd'hui les antidotes des poisons dont ils se servaient.

L'empereur Henri VI fut empoisonné par des gants, dans lesquels une très-petite dose de poudre avait été jetée.

Jean, roi de Castille, le fut de même par des bottes.

Un cardinal de Guise fut empoisonné à Avignon par la vapeur des cierges qui brûlaient devant lui.

Boerhaave, homme digne de foi, dit, dans un de ses ouvrages, qu'il connaît des poisons qui peuvent tuer en un clin d'œil. L'acide prussique est sans doute du nombre de ces poisons.

Ces détails d'histoire naturelle, botanique, règne animal, chimie, etc., étrangers à la matière médicale, ne sont présentés ici que pour faire apprécier l'activité des infiniment petits. Ce ne sont pas les grandes quantités, les hautes doses des médicaments qui les rendent efficaces, ce sont les teintures-mères, les quintessences, les extraits résultant des dilutions.

Médecine pratique de l'allopathie et de l'homœopathie (différence).

Il existe une grande différence entre ces deux médecines : l'allopathie ne traite les maladies que par les noms qu'on leur a donnés, et suivant les lésions reconnues ou supposées des organes ; elle a toutes les maladies et tous leurs traitements à suivre, inscrits dans ses ouvrages, où les erreurs fourmillent. L'homœopathie ne traite que de l'ensemble des symptômes, sans aucune classification des affections ; chaque maladie, en particulier, est une affection nouvelle qu'il faut combattre pour la guérir. Elle réclame, comme nous l'avons dit, des études infiniment plus étendues que l'allopathie.

Ces deux médecines ne sauraient donc aller ensemble ; on ne pourrait confondre leurs traitements sans compromettre l'existence des malades ; elles sont, même, opposées l'une à l'autre autant que la nuit l'est au jour, et le feu l'est à l'eau.

Pour marcher avec le progrès dans la voie de la vérité, en suivant l'homœopathie, il faut briser entièrement avec toutes les opinions reçues de l'ancienne école, renoncer à tout système, à toute théorie.

En suivant les principes de l'allopathie, on caractérise la maladie et le traitement qui lui convient, sans faire attention aux symptômes qui nécessitent telle ou telle application. Ainsi dans l'attaque d'apoplexie, par exemple, après avoir pratiqué les émissions sanguines, on reste tout à fait étranger aux suites de la maladie, la paralysie, etc., au lieu qu'en homœopathie, tous les symptômes sont traités dans tous les périodes que présente l'affection.

Dans l'attaque d'apoplexie, si le pouls est plein et fort, avec paralysie des membres (surtout du côté gauche), s'il y a perte de connaissance, assoupissement, ronflement, gémissement, murmures, évacuations involontaires des selles, des urines, etc., on administre *arnica*; s'il y a paralysie de la langue ou des extrémités supérieures (surtout du côté droit), bouche tirée de côté, connaissance troublée, avec manières puériles et manque de fonctions du corps, somnolence comateuse avec agitation, gémissements et murmures, rougeur circonscrite des joues, on administre *bar. c.*; s'il y a assoupissement avec perte de connaissance et de la parole, avec mouvements convulsifs des membres (surtout du côté droit), bouche tirée de côté, langue paralysée, salivation, déglutition difficile ou même impossible, perte de la vue, pupilles dilatées, yeux rouges, proéminents face rouge et bouffie, on administre *bellad.*, etc.

Nous nous bornons à ces trois médicaments; ils sont suffisants pour montrer combien de ressources existent dans les expérimentations homœopathiques et dans la thérapeutique symptomatologique.

Différence des traitements. — Résultats. — De la phthisie pulmonaire dans les deux périodes : 1° Tuberculeuse à l'état cru ; 2° expectoration purulente.

Traitement allopathique. — Première période. Tuberculose à l'état cru.

Pléthore (inflammation) : saignées, application de sangsues sur le thorax, lait d'ânesse, boissons relâchantes et adoucissantes.

Deuxième période. Expectoration purulente.

Atonie (état de faiblesse) : vésicatoires, sinapismes, sirops adoucissants, looks, limaces mangées crues.

Dans l'hémoptysie : saignées générales plus ou moins répétées, diète, repos.

Ce traitement ne peut guérir ; les débilitants accélèrent le terme de la vie.

Traitement homœopathique. Résultats. — Première période. Tuberculeuse à l'état cru. Symptômes purement inflammatoires.

Madame Clément, à l'âge de vingt-quatre ans, fut atteinte, par cause de grands chagrins, de fièvre continuelle, avec toux forte et expectoration légère pendant la nuit. Traitée par un médecin de l'ancienne école, tous les sirops lui furent ordonnés et administrés ; les sangsues appliquées à la poitrine et à l'anus, le lait d'ânesse, un vésicatoire au bras ne changèrent rien à son état. Son médecin affirma qu'elle était atteinte de phthisie pulmonaire. Appelé pour la traiter homœopathiquement, nous lui administrâmes *acon.* 5/300e dilution, ensuite *bryon.* ; à la distance de six jours, *phosp.* 2/30e. Ces substances la rétablirent. Plusieurs années se sont écoulées depuis ; elle jouit d'une parfaite santé.

Deuxième période. Expectoration purulente, abondante.

Le sieur Coste, maître-menuisier, était atteint depuis plusieurs mois de fièvre consomptive avec expectoration purulente lorsqu'il réclama nos soins. Nous reconnûmes à son extérieur une mauvaise conformation de poitrine ; le côté gauche du thorax était enfoncé comparativement à la paroi droite. Nous apprîmes qu'il était né de père et de mère malades, ayant, depuis leur enfance, un vice dans le sang (*psora*), et que deux de ses frères étaient morts phthisiques. Nous administrâmes *sulf.* 5/30e, *dulc.* 5/30, *stap.* 5/30e, *graph.*, *merc.*, *phosp.*; ces substances semblèrent le rétablir, sans arrêter néanmoins l'expectoration purulente. Il était moins fatigué; il pouvait travailler; d'autres substances lui furent administrées; il se trouva presque guéri, ayant repris ses forces physiques; il demeura dans cet état de mieux pendant six ans. Enfin il mourut dans les traitements allopathiques. Si, dès son enfance, le sieur Coste eût été traité par les moyens de la nouvelle école, il existerait encore, ou, du moins, son existence aurait été beaucoup plus prolongée qu'elle ne l'a été.

Apoplexie sanguine ou hémorragie du cerveau, nerveuse, séreuse, avec paralysie, causée, chez les adultes et les vieillards, par suite d'évacuation sanguine, surcharge d'estomac, émotions, etc., etc.

Traitement allopathique. — S'il y a pléthore : saignées générales plus ou moins répétées, locales, laxatifs délayants, pédiluves irritants, vésicatoires à la nuque, sinapismes aux pieds ; s'il y a asthénie : éther, camphre et autres antispasmodiques. Les allopathes traitent l'apoplexie séreuse par un vomitif.

Traitement homœopathique. Résultats. — Madame Pascal, ancienne institutrice, à l'âge de quatre-vingt-six ans, d'un tempérament sanguin et d'une certaine obésité, fut frappée, en sortant de manger, et en balayant sa chambre, d'une attaque d'apoplexie qui la renversa sans connaissance; elle fut portée dans son lit; là, nous lui administrâmes *arn.* 5/30e, donné par cuillerées, *bar. c.* 5/30e, *merc.*, *hyos.*, etc. La langue, le bras droit, la jambe droite étaient paralysés. En peu de jours de traitement, la langue et la jambe étaient revenues dans leur état normal. Le bras resta paralysé. Voilà près de huit mois qu'elle est dans son lit, jouissant de toute son intelligence.

M. Gandolphe, maître d'équipage en retraite, à l'âge de soixante-six ans, couvert de cicatrices, mais encore fort robuste et d'une grande obésité, fut frappé tout à coup d'une attaque d'apoplexie sanguine; la langue et le bras droit étaient paralysés. Appelé à l'instant même de l'accident, nous lui donnâmes *arn.* 5/30ᵉ par cuillerées, *bar. c.* 5/30ᵉ, etc. Nous avons combattu la paralysie par *hyos.*, *stann*, *puls.*, douze jours de suite. La langue et le bras sont revenus à leur état normal; enfin ce traitement l'a rétabli. Deux années se sont écoulées depuis; il n'a plus eu aucun symptôme de cette affection.

M. Pierron, lieutenant en retraite, à l'âge de quatre-vingt-six ans, fut atteint, à la suite d'un copieux repas fait à midi, d'une attaque d'apoplexie par surcharge d'estomac; la tête douloureuse et brûlante, le gosier paralysé, la déglutition des liquides impossible, le bras gauche et la jambe gauche éprouvaient une grande gêne, ainsi que la langue. Nous lui donnâmes *bary. carb.* 4/30ᵉ dans un demi-verre d'eau, à prendre par cuillerées chaque trois heures. Le lendemain il n'y avait plus aucun symptôme alarmant.

Tout est revenu dans son état normal. Il jouit d'une parfaite santé.

L'ancienne médecine ne guérit jamais l'apoplexie que d'une manière incomplète; il existe toujours des traces de son passage; quelquefois de nouvelles attaques ne se font pas longtemps attendre, surtout chez les vieillards; et très-souvent la mort s'ensuit.

Nous n'avons jamais remarqué de récidives d'attaque d'apoplexie après avoir traité cette maladie homœopathiquement.

Gravelle ou calculs rénaux.

Traitement allopathique. — Saignées générales, sangsues à l'anus et sur les régions des reins, boissons douces, mucilagineuses; lavements émollients, applications émollientes sur le ventre et sur les lombes; bains entiers et de siége, dans la néphrite aiguë; dans la néphrite chronique, frictions sur les lombes, diurétiques, régime doux et confortant.

Traitement homœopathique. Résultats. — Le sieur Olivier, boulanger-fournier, âgé de quatre-vingts ans, était atteint depuis vingt ans de la gravelle, et souffrait de douleurs aiguës dans les reins, lorsqu'il devait rendre quelque gravier. Il ne pouvait trouver de soulagement à son état que dans le bain; il avait employé, épuisé toutes les ressources de l'allopathie, mais infructueusement; désespéré, il réclama celles de l'homœopathie : nous lui donnâmes *acon.* 3/30°, ensuite *canabis* 3/6, *lyc.* 2/30°, *uva-ursi.*, *sass.*, *cann.* Il rendit en six jours quatorze calculs gros comme des noyaux d'olive; deux plus gros que les autres nécessitèrent l'emploi de la sonde pour les repousser. Après l'administration de la dernière substance, il était parfaitement guéri. Deux années se sont écoulées depuis; il n'a eu aucun retour de cette maladie.

M. Monier, aubergiste, éprouvait les mêmes symptômes que ceux dont il a été parlé ci-dessus; il trouva également la guérison dans les propriétés des mêmes substances.

Dans la médecine dite rationnelle, nous n'avons jamais vu de guérison de cette affection, mais seulement des moyens d'en diminuer les souffrances par les palliatifs.

Aliénation mentale causée par des émotions déprimantes, chagrins, mortification, colère, efforts intellectuels, idées religieuses, ivrognerie.

Traitement allopathique. — Détruire les idées dominantes, changer le régime, prescrire l'isolement. S'il y a pléthore: saignées, sangsues, bains de surprise. A l'état aigu, enfermer le malade dans un lieu obscur; boissons délayantes, adoucissantes; employer l'ellébore, les douches froides, bains prolongés, fustigations, etc.

Rarement ces moyens obtiennent quelques succès.

Traitement homœopathique. Résultats.— Mademoiselle G., âgée de trente-neuf ans, atteinte d'aliénation mentale, sous l'influence d'idées religieuses; retirée, elle méditait, elle priait; son idée fixe était qu'elle se croyait damnée; elle fut traitée par un médecin de l'ancienne école; les saignées locales et générales, les bains généraux, les douches n'apportèrent aucune amélioration à son affection, au contraire, elle paraissait furieuse. Appelé pour la soigner homœopathiquement, nous lui fîmes administrer *bell.* à plusieurs reprises et à différentes dilutions; elle devint d'abord plus calme, eut beaucoup de moments lucides, et fut enfin rendue à la santé.

Trois ans après elle perdit son père, ancien lieutenant-colonel en retraite, âgé de quatre-vingt-six ans, et bien qu'elle dût s'attendre d'un moment à l'autre à la fin de ce père tant avancé en âge, et qui était toute sa ressource, la crainte d'un malheureux avenir la porta au désespoir. Atteinte de nouveau d'aliénation, elle fut tentée de se suicider. *Acon*, *bell.*, répétés plusieurs fois, la rétablirent parfaitement

Un M. ***, âgé de quarante-cinq ans, ayant été plusieurs fois atteint d'aliénation mentale, sous l'influence d'idées voluptueuses, le fut encore le 1er janvier 1846; nous lui donnâmes en plusieurs fois douze substances homœopathiques, qui changèrent totalement ses idées et l'amenèrent à la plus parfaite santé. Nous recommandons aux praticiens *stram.*, *staph.*, répétés en plusieurs fois dans une semblable affection; ces médicaments nous ayant paru très-efficaces, à différentes dilutions.

Une mère de famille, âgée de cinquante-deux ans, fut atteinte d'aliénation mentale, par cause d'une perte assez considérable dans une spéculation de commerce ; elle croyait à la ruine complète de tous les siens, quoiqu'elle fût encore riche. Elle était continuellement en colère dans les affaires du ménage; frappait à tout moment ses enfants; personne ne pouvait habiter auprès d'elle : confiée à nos soins, nous lui administrâmes *acon.*, *bell.*, *hyos.*, *stram.*, *staph.*, *sulf.* Ces diverses substances avec d'autres, au nombre de quinze, la remirent parfaitement. Elle jouit maintenant de toutes ses facultés et d'une présence d'esprit admirable.

Nous avons connaissance de trois individus qui, atteints d'aliénation mentale, sont morts par l'emploi des émissions sanguines.

De l'asthme de millar (angine de poitrine).

Traitement allopathique.— Antispasmodiques, fumigations

émollientes et narcotiques dirigées vers la trachée artère, respiration du gaz oxygéné pur ou mêlé à l'air atmosphérique, boissons adoucissantes, rafraîchissantes, nourriture douce, équitation, navigation, fumer la feuille de stramonium dans une pipe.

Cette maladie est reconnue incurable en allopathie; il n'en est pas de même en homœopathie.

Traitement homœopathique. Résultats. — Un receveur des douanes était contraint, depuis plus de dix années, de passer la nuit entière à la fenêtre; une grande oppression l'obligeait à chercher l'air libre, afin de respirer; pendant les accès, il lui semblait qu'une main de fer lui serrait le gosier : il avait consulté plusieurs médecins allopathes, qui lui avaient conseillé de fumer la feuille du stramonium et de prendre huit pilules, par jour, du sulfate de quinine, et trois grains de sous-carbonate de soude. Ces médicaments n'avaient rien changé à son état de souffrance: il avait, en outre, un engorgement des vaisseaux hémorroïdaux, qui le fatiguait beaucoup; il eut recours au traitement homœopathique, qui le guérit radicalement. Nous lui donnâmes douze substances à prendre, une seule dose de huit en huit jours. Tous les symptômes de l'asthme disparurent. *Bell.*, *cupr.*; *hyos.*, *samb.*, nous parurent efficaces.

Un jeune homme, à l'âge de vingt-quatre ans, atteint des mêmes symptômes que ci-dessus, a obtenu, comme par enchantement, sa guérison, à l'aide d'un traitement à peu près semblable. Quinze mois se sont écoulés depuis; il n'a éprouvé aucun accès d'asthme.

Gastralgie ou crampe d'estomac.

Traitement allopathique. — Combattre cette affection par les adoucissants et les antispasmodiques, la belladona à fortes doses à l'intérieur et à l'extérieur, sur l'épigastre; bains ou demi-bains tièdes, révulsifs sur les membres ou sur l'estomac. S'il y a pléthore : saignées générales et locales, quelquefois toniques, tels que vin de gentiane, de quinquina ; on a préconisé l'oxyde de bismuth.

Traitement homœopathique. Résultats. — Une dame, âgée de quarante-trois ans, éprouvait depuis longtemps des douleurs à l'estomac, à la moindre surcharge, à la moindre fatigue. Elle avait employé plusieurs traitements de la gastrite chronique par l'ancienne école, sans avoir obtenu aucun résultat satisfaisant. Surprise tout à coup par des crampes d'estomac très-douloureuses, elle se crut perdue ; tous les deux ou trois jours elle avait une indigestion, le moral était affecté ; *ant.*, *bryon.*, *carbo v.*, *chin.*, *sulf.* la guérirent en très-peu de temps.

Un capitaine au long cours, âgé de vingt-sept ans, fut atteint, à la suite de grandes études, et par le chagrin, de douleurs à l'épigastre qui le fatiguaient beaucoup ; il se privait de manger le soir, afin de dormir pendant la nuit et de ne pas augmenter ses souffrances. Consulté sur son état maladif, six substances le guérirent, sans aucune espèce de retour de cette affection.

Un cultivateur, âgé de quarante-six ans, après une grande colère, fut atteint de douleurs semblables à celles exprimées dans l'article ci-dessus, et fut également guéri.

Gastrose ou embarras gastrique.

Traitement allopathique. — Diète, boissons délayantes acidulées, procurer le vomissement au moyen de l'eau tiède, de l'ipécacuanha, de l'émétique.

S'il se joignait, à l'embarras gastrique, une douleur plus ou moins forte à l'épigastre, avec rougeur à la pointe et aux bords de la langue, la soif, la chaleur à la peau, l'accélération du pouls, il ne faudrait point donner de vomitif, mais s'en tenir seulement aux boissons douces, appliquer des fomentations émollientes, des sangsues sur le creux de l'estomac (gastrite).

Traitement homœopathique. Résultats. — Une jeune personne, âgée de dix-huit ans, ayant chaud et couverte de transpiration, but un grand verre d'eau fraîche ; elle ressentit, quelques instants après, une forte douleur à l'épigastre. Cet état de maladie, traité par des applications de sangsues, avait résisté aux moyens allopathiques et à ceux ordonnés par des médecins en réputation. Recherchée en mariage, elle voulut définitivement guérir ou mourir : ce furent ses propres expressions. Consulté sur son état, nous reconnûmes une gastrose chronique, entièrement caractérisée. *Anti.* 2/30e; *ars.*, *bell.*, *cham.*, *bryon.* lui furent donnés, à la distance de huit jours l'un de l'autre ; elle éprouva de suite du mieux ; quelques substances de plus la rétablirent complétement.

Un juge, âgé de quarante-cinq ans, était atteint depuis un an (d'après le dire des médecins allopathes qui l'avaient soigné) d'une gastrite chronique. Rien n'avait été négligé pour le guérir en suivant le système de Broussais. Aussitôt qu'il avait pris des aliments, il ressentait un poids considérable à l'épigastre, avec un malaise général qui lui donnait souvent le vomissement. Il se présenta chez nous pour se faire consulter. *Ars.*, *bell.*, *cham.*, *bryon.*, *carb. vegel.*, *cocc.* et *sulf.*, lui furent administrés de douze en douze jours ; aux premières doses, il se trouva mieux ; ensuite il fut parfaitement guéri.

Pleurésie et pneumonie.

Traitement allopathique. — Saignées générales et locales plus ou moins répétées, suivant les forces, le tempérament et le degré de la douleur; tisane antiphlogistique, diète absolue, application d'un large vésicatoire sur le point douloureux ; affaiblir le malade, anéantir ses forces vitales jusqu'à l'épuisement.

Ne doit-on pas craindre (et nous l'avons vu plusieurs fois), pour triompher de cette terrible maladie, qui se termine souvent par l'expectoration, surtout lorsqu'il y a complication, ne doit-on pas craindre, disons-nous, que ce grand affaiblissement ne permette plus au malade de cracher et qu'il meure les crachats sur les lèvres? Nous avons traité homœopathiquement plus de trente pleurésies sans saignées, ni sangsues, ni vésicatoires, ni sirops, et nos malades ont obtenu, dans cinq ou six jours de traitement, la plus parfaite guérison..... et sans aucune espèce de convalescence.

Le sieur Barralier, maître poulieur, fut atteint, au printemps de 1846, d'une pleurésie aiguë, que nous traitâmes par les moyens de la nouvelle école. Nous allons citer à ce sujet un fait singulier, original, mais avec copies. Ce malade faisait partie d'une société de bienfaisance, à laquelle était affecté un médecin allopathe ; ce médecin suivait notre traitement sans le comprendre ; à notre insu, il jetait l'épouvante dans l'esprit du malade et de sa famille par des pronostics alarmants, qui heureusement n'existaient que pour lui : tantôt c'était le poumon qui se remplissait, tantôt c'était le râle de la mort qui s'établissait. (Ce sont les propres paroles qu'il proférait.) Néanmoins notre malade fut guéri après cinq jours de traitement.

On pourrait croire que ce médecin, témoin de cette prompte cure, se fût amendé, et qu'il eût depuis embrassé la doctrine de la nouvelle école; pas du tout, bien que très-surpris de cette guérison, qu'il croyait impossible, il est resté dans ses fausses opinions, et n'en est pas moins un des ennemis acharnés de l'homœopathie.

Dans la statistique des hôpitaux, le nombre de décès est de trois sur huit malades qui ont été atteints de pneumonies, pleurésies et autres maladies inflammatoires traitées suivant le système de Broussais ; le nombre de décès des malades traités homœopathiquement n'est que de un sur trente; encore rien ne prouve que le traitement soit cause de la mort de ce trentième : il n'en est pas ainsi du système précité.

Les résultats homœopathiques sont donc certainement les plus avantageux pour l'humanité.

Du catarrhe pulmonaire aigu et chronique.

Traitement allopathique. — (Rhume simple), repos au lit, diète, boissons sucrées. (Aigu), saignées générales et locales plus ou moins répétées. (Suffocant), application de vésicatoires volants ou à demeure sur le thorax, sinapismes aux extrémités. (Passant à l'état chronique), boissons aromatiques, toniques, etc., eaux d'Enghien, de Bonnes, de Baréges, vésicatoire sur la poitrine, vêtement de laine sur la peau, voyages fréquents dans les pays chauds.

Cette maladie atteint les mêmes personnes tous les hivers. Que de médicaments sont inutilement employés par les allopathes! ils ne peuvent guérir cette affection, tandis que par les moyens homœopathiques on triomphe de toutes sortes de catarrhes avec facilité et sans avoir égard à la température.

Traitement homœopathique. — (Catarrhe ordinaire, fièvre légère), *cham.*, *merc.* (Toux forte et sèche), *bell.*, *bryon.*, *merc.* (Spasmodique), *bell.*, *bryon.*, *carb. v.* (Toux grasse, expectoration abondante), *bryon.*, *carb. v.*, *dulc.* (Suffocante), *ars.*, *carb. v.*, *chin. merc.*, *bar. c.* (Chronique), *ars.*, *bryon.*, *calc.* (Chez les personnes âgées), *bar. c.*, *carb. v.* (Chez les enfants), *acon.*, *bell.*, *cham.* (Chez les scrofuleux), *bell.*, *calc.* (Chez ceux qui sont très-gras), *ipec.* ou *calc.*

De l'érésipèle de la tête et de la face.

Traitement allopathique. — Saignées générales et locales, boissons délayantes, adoucissantes, diète. Couvrir la partie affectée avec de la farine sèche de froment ou d'avoine, ou de poudre de camphre. Fomentations émollientes. (Dans l'érésipèle de cause externe), employer les révulsifs, tels que l'eau végéto-minérale, etc., dès son début, pour le faire avorter. Dans cette affection, les antiphlogistiques sont toujours impuissants; ils ne peuvent en arrêter les progrès, d'après le dire même des auteurs systématiques.

Traitement homœopathique. Résultats. — La dame Gazot, âgée de cinquante ans, mère de plusieurs enfants, était atteinte d'érésipèle de toute la tête et de la face, avec douleurs dans toutes les articulations de son corps, fièvre, insomnie, forte douleur dans le crâne; nous lui fîmes administrer *bell.* 3/30e dans un demi-verre d'eau, à prendre par cuillerées de deux heures en deux heures ; *lachesis* et *rhus*, qui terminèrent la maladie dans l'espace de six jours. Elle fut parfaitement guérie ; plus de fièvre, plus de gonflement ; tout revint dans son état normal.

Rhumatisme aigu et chronique.

Traitement allopathique. — (Aigu), repos, diète, tisane adoucissante, acidulée, lavements émollients, bains tièdes locaux et généraux, vapeurs aqueuses, applications de fomentations et de cataplasmes émollients et sédatifs, saignées locales et quelquefois générales, vésicatoires volants. (Chronique), quelquefois saignées locales, application de rubéfiants, de vésicants, les bains martiaux ou sulfureux, les douches sèches de même nature, les boissons diaphorétiques et sudorifiques ; nourriture douce; couvrir la peau d'un vêtement de laine.

Traitement homœopathique. Résultats. — (Aigu.) Une demoiselle, âgée de quarante-deux ans, fut atteinte d'un rhumatisme aigu des articulations des genoux, des pieds, des coudes et des poignets, avec fièvre aiguë. Nous lui fîmes prendre *acon.*, *bryon.*, *rhus;* cette dernière substance fut répétée. La plus parfaite santé revint en peu de temps. Nous avons obtenu de semblables succès chez d'autres personnes atteintes de rhumatisme inflammatoire. (Chronique.) Plus de soixante individus de l'un et de l'autre sexe, atteints de rhumatismes chroniques des articulations, des muscles, sciatique lumbago, etc., ont également trouvé la guérison de ces maladies dans les médicaments homœopathiques.

Un cultivateur, à l'âge de trente-six ans, atteint d'un rhumatisme aigu des plus intenses, supporta quinze saignées et une application de trois-cents sangsues; il ne put être débarrassé de son rhumatisme, qui était arrivé à l'état chronique, lorsqu'il réclama nos soins. Souffrant depuis quatorze mois, maigre, décharné, il marchait avec difficulté. *Caust.*, *hepar.*, *lach.*, donnés de huit en huit jours, le guérirent radicalement.

La comparaison, quoique très-peu étendue, que nous venons

de donner des deux médecines dans leurs traitements et dans leurs résultats, doit suffire pour convaincre de la supériorité de l'homœopathie. Aussi, assuré de l'efficacité des ressources de l'homœopathie que nous avons le bonheur de professer, sommes-nous tranquille d'esprit. Combien le seraient aussi ceux qui, ne pouvant s'empêcher de voir les cures étonnantes que nous obtenons, restent cependant dans leurs erreurs, s'ils se rendaient aux vérités de cette divine doctrine; mais les difficultés d'un recommencement de science dans un âge fait; les études pénibles qui sont nécessaires et qui peuvent durer de dix à douze années, si l'intelligence et un travail persévérant ne vous sont pas en aide; mais les épines dont cet espace doit ou peut être hérissé; mais...... tout cela retient un médecin enclin à la paresse, ou entiché des erreurs de l'ancienne école. Jeunes médecins qui voulez véritablement vous instruire dans l'art de soulager l'humanité souffrante, il vous est facile de choisir. Aucune excuse, aucun regret d'abandonner plusieurs années d'études de l'ancienne école, ne peuvent être allégués par vous. Votre choix ne saurait être douteux. Deux champs à cultiver vous sont présentés: l'un stérile, sans végétation, représente l'allopathie; l'autre verdoyant, portant fleurs et fruits, désigne l'homœopathie.

Dans la culture de cette dernière et sublime doctrine, vos travaux seront couronnés du succès, vos cures certaines; vous aurez la satisfaction intérieure et la tranquillité de votre esprit. Vous ferez du bien à vos semblables; cette conscience de faire le bien vous servira d'égide contre les écueils où la tempête pourrait vous pousser, c'est-à-dire contre les vicissitudes humaines. Rien de tout cela n'existe dans l'allopathie.

En vous livrant à l'homœopathie, vous devez vous pénétrer de plus en plus de l'importance de vos devoirs. Vous devez éloigner, autant qu'il sera en votre pouvoir, ces prétendus amis d'auprès de vos malades. Ces gens-là sont toujours des brandons de discorde et des importuns dangereux.

Du bavardage des femmes auprès des malades.

Un abus toléré en allopathie, mais qui ne doit point exister en la nouvelle doctrine, est la permission trop facilement accordée à ces visiteurs curieux et à ces femmes bavardes, de venir en foule chez les malades : ce sont de véritables ennemis de l'humanité souffrante. Les uns et les autres viennent d'un air patelin offrir leurs services et étourdissent le malade par leurs propos puérils. Ils ne désirent un rassemblement que pour y établir une espèce de conciliabule : dans ce comité de personnes caqueteuses, menteuses et portées à la critique, se débitent des comptes absurdes; des traits satiriques sont lancés contre tel ou tel médecin ou tout autre individu. La calomnie se couvre du manteau de la charité. Le poison est versé ou l'encens prodigué selon que ce médecin ou cet individu, étranger en cette affaire, compte des partisans ou des ennemis parmi ceux qui composent cette réunion intempestive, importune et toujours assommante pour le malade : éloignez donc de vos malades ces visiteurs et ces femmes ; ne souffrez près d'eux que des personnes qui leur sont dévouées, ou attachées par les liens du sang ou par la véritable amitié.

Mais pourquoi, dira-t-on, ne pas faire chasser ces ennemis domestiques, en homœopathie comme en allopathie? En homœopathie, ils sont inutiles, mais il n'en est pas ainsi en allopathie : la plupart de ces femmes bavardes et de ces gens curieux font la réputation des médecins allopathes ; ils colportent de maison en maison leurs intrigues, leurs mensonges ; ce sont des agents précieux ; les attaquer, les expulser, rompre en visière avec eux, ce serait ameuter contre soi les intrigants riches et pauvres, les commères et. ... la lie du peuple. Ces femmes, ces agents secrets et consorts, épiant les actions des homœopathes, comptent les malades qu'ils sont appelés à traiter et les moyens employés ; ils ne parlent nullement des cures faites par la nouvelle doctrine ; mais en revanche, au moindre revers, c'est-à-dire, si un malade succombe à son affection, souvent par une cause inconnue (l'homœopathie n'ayant pas la possession exclusive des décrets de la Providence), ils vont, dans un délire frénétique, crier partout, voire même sur les toits, que l'homœopathie, l'indigne homœopathie, l'homœopathie (incompréhensible pour eux) vient encore de tuer un malade. Il est vrai que ce malade est mort, quoique traité homœopathiquement, sur cent que l'allopathie n'a pu préserver du tombeau, dans la même période d'un mois...

Danger de se faire traiter par des personnes qui ne sont pas médecins.

On rencontre souvent des hommes et des femmes médicastres, des charlatans qui se mêlent même de traiter les maladies incurables.

Peuple crédule, ne les écoutez point : si vous les écoutiez, vous auriez bientôt lieu de vous en repentir.

M. Trotabas, propriétaire à Saint-Nazaire, âgé de soixante-quatre ans, avait à la lèvre inférieure un cancer. Un de ses voisins lui fit appliquer, sur la plaie, une poudre blanche ; à la répétition de cette application, il se trouva très-mal. Il nous fit appeler : nous le trouvâmes dans le délire, avec fièvre aiguë. Il avait, à la partie antérieure et supérieure des cuisses, deux larges plaques d'escarre gangréneuse, qui lui donnèrent la mort la nuit suivante.

Une jeune femme se plaignait d'une céphalalgie alourdissante ; une voisine médicastre lui fit appliquer sur le front un sachet d'une certaine poudre qui développa un cancer; elle succomba. Une nourrice fit bouillir, suivant les conseils erronés qui lui furent donnés, une grosse tête de pavot, et en fit boire la décoction à son nourrisson pour le faire dormir... il ne s'éveilla plus.

M. Gillet, ancien commis principal de marine, se brûla les deux jambes avec de l'eau bouillante de lessive; une femme lui fit appliquer un grand cataplasme d'oignons crus qui fit naître la gangrène, que l'on parvint toutefois à guérir.

Des milliers de faits semblables ont lieu chaque jour, et ne sauraient rester inconnus.

Espérons, néanmoins, que les ressources de l'homœpathie et ses bienfaits se répandant de plus en plus, détruiront tous les abus, et lui acquerront la confiance qu'elle mérite sous tous les rapports.

—

CONCLUSION.

Nous pensons avoir démontré évidemment que la médecine, considérée comme science et comme art, dont on s'est servi depuis l'origine des temps historiques jusqu'à Hanhemann, ne reposant sur aucun principe certain, sur aucune pratique fixe, non-seulement n'a pu suffire à la conservation des peuples, mais qu'au contraire elle lui a toujours été nuisible. Plusieurs théories, plusieurs systèmes se sont remplacés et détruits successivement. Une réforme était depuis longtemps impérieusement sentie dans l'art médical; l'homœopathie seule avait le pouvoir d'en donner les règles : elle l'a fait.

La médecine des humeurs, système d'Hippocrate, celle des saignées dues au hasard, celles des Brown, de Bichat et de Broussais, etc., etc., ont fait leur temps.

L'homœopathie, inventée par le respectable Samuel Hahnemann, notre digne maître, compte cinquante-cinq ans d'existence; les cures innombrables opérées par l'efficacité des traitements homœopathiques, la courte durée des maladies traitées par les homœopathes, la guérison immédiate sans aucune convalescence, la modicité des dépenses,ont déjà été appréciées par la classe laborieuse; les personnes de l'art, celles qui sont studieuses et désireuses de s'instruire, apprécieriont également l'emploi des semblables et des dilutions, premières bases de cette doctrine.

Le célèbre et savant Hahnemann a été repoussé par l'Académie de médecine de Paris, non-seulement comme novateur, mais parce qu'il présentait une doctrine qui renversait tout l'échafaudage de l'ancienne école, en faisant voir la fausseté, et attaquait les chers intérêts des médecins déjà trop avancés en âge, en réputation, en fortune, et trop fiers pour se remettre en apprentissage.

On peut donc dire, ainsi qu'on l'a vu dans le cours de ce mémoire, qu'il suffit d'abord qu'une innovation soit innovation pour qu'elle soit repoussée (*mieux vaut rester dans l'ornière où croupit la boue des chemins que d'en sortir*), où sera donc le progrès?

Les causes qui nécessitent de la part des professeurs anciens d'une science, d'un art quelconque, la répulsion des innovations sont : L'esprit de coterie, les préjugés, les idées d'un fanatisme religieux, l'intérêt ; cette répulsion, de nos jours, se borne à la réfutation de nos raisonnements, de nos convictions; elle a été poussée jadis jusqu'à la persécution, jusqu'au martyre.

Le célèbre Copernic, né à Thorn, en Prusse, en 1543, ce célèbre médecin charitable, cet astronome fameux, ce génie rare, sublime, qui avait relevé le ciel et la terre, fut raillé, persécuté jusqu'au tombeau, ainsi que le célèbre Hahnemann.

Keppler, Galilée, Newton, perfectionnèrent le système d'astronomie de Copernic.

Galilée fut encore plus malheureux que Copernic. Accablé d'injures pour avoir affirmé le mouvement de la terre et révélé l'ordre sublime de la création, il fut traîné devant un tribunal, et, après avoir subi la question, forcé de déclarer que la terre était immobile et que le soleil roulait autour d'elle. Ce fut le 22 juin 1632 que ce grand homme, alors âgé de soixante-dix ans, brisé par la torture, la corde passée au cou, un cierge à la main, agenouillé devant la Bible, prononça sous la dictée du saint-office, dans le couvent de la Minerve, à Rome, cette abjuration fameuse :

« Moi, Galilée, médecin, astronome, je maudis et déteste le livre où j'ai soutenu que le soleil est immobile au centre du monde, et que la terre tourne autour de lui..... et je me soumets à tous les supplices si je répète et laisse répéter cette condamnable erreur..... »

Ces paroles déchirèrent tellement son âme, en sortant de

ses lèvres, qu'au moment où il se releva, il ne put s'empêcher de dire à demi-voix, en frappant du pied la terre : « *E pur si muove!* » (Et pourtant elle se meut ; elle tourne.)

Si de nos jours de pareilles choses arrivaient en sus des méfaits qu'on tolère pourtant, nous ne savons trop où s'arrêterait la vindicte publique, ni contre quels coupables la justice sévirait.

L'incomparable, le savant Hahnemann aspirait plus au titre de bienfaiteur de l'humanité qu'à celui d'académicien.

Au reste, ce ne sont pas les académies réunies qui font les savants ; ce sont les savants qui forment les académies. On peut être très-instruit, très-savant, et n'être pas académicien ; les savants, les érudits qui composent les académies n'y sont placés que pour exciter l'émulation, alimenter le feu du génie.

Les hommes à grand talent, tels que Homère, Phidias, Sophocle, Apelle, Virgile, Vitruve, Ovide, Tibulle, Le Tasse, Michel-Ange, n'étaient d'aucune académie. Beaucoup d'entre eux ont vécu avant l'établissement des académies, et ne leur devaient, par conséquent, ni l'élévation de leurs pensées, ni la sublimité de leur génie. Ce ne fut pas à l'académie de la Crusca que Le Tasse dut sa *Jérusalem délivrée*. Newton ne dut point ses découvertes sur l'optique, sur le calcul intégral et sur la chronologie à l'académie de Londres.....

Presque toutes les découvertes dans les arts, dans les sciences, dans toute la nature, sont dues au hasard où à l'observation ; ainsi nous sont parvenus l'aimant, l'imprimerie, la gravure, la peinture à l'huile, les glaces, les lunettes d'approche, celles des vieillards, la poudre à canon, etc., etc. ; ensuite l'art de faire le pain, de fondre les métaux, de bâtir les maisons, tisser la toile ; mais ce n'est que par gradation qu'on est parvenu à leur développement, à leur agrandissement, à leur amélioration, à leur perfection ; c'est là le fruit d'un travail obstiné, d'une persévérance infatigable, de veilles, d'expériences infiniment répétées.

L'homœopathie est le fruit des veilles, des méditations, des expérimentations, du travail continuel, de la comparaison, des études profondes et de l'inébranlable persévérance du fameux Hahnemann. C'est à lui, à lui seul que nous devons cette divine science, cet inestimable secours porté à l'humanité souffrante.

Puisse cette doctrine, suivant le progrès, rallier les médecins de l'ancienne école qui viendraient sincèrement et avec reconnaissance puiser dans son sein fécond, après avoir abandonné leurs erreurs.

En attendant, nous pouvons dire à l'allopathe, qui, malgré l'évidence, reste dans une coupable indifférence et dans son stupide entêtement, comme a dit M. C***, notre client :

Vous qui ne croyez pas à l'homœopathie,
Qui ne voulez point voir sa vertu, sa bonté,
Peut-être quelque jour vous lui devrez la vie,
La force, la vigueur, la meilleure santé.

FIN.

Paris. — Imp. Schneider, rue d'Erfurth, 1.

www.ingramcontent.com/pod-product-compliance
Ingram Content Group UK Ltd.
Pitfield, Milton Keynes, MK11 3LW, UK
UKHW021228230726
13926UKWH00003B/1315

9 782013 598279